人工智能基础

第二册

主编
汤晓鸥
潘云鹤
姚期智

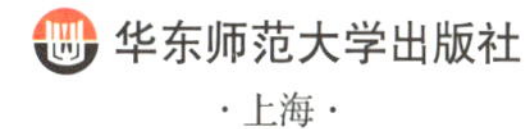

·上海·

图书在版编目(CIP)数据

人工智能基础. 第二册/汤晓鸥,潘云鹤,姚期智主编. —上海:华东师范大学出版社,2022
ISBN 978-7-5760-3081-5

Ⅰ.①人… Ⅱ.①汤…②潘…③姚… Ⅲ.①人工智能—青少年读物 Ⅳ.①TP18-49

中国版本图书馆CIP数据核字(2022)第135619号

人工智能基础 第二册

主　　编　汤晓鸥　潘云鹤　姚期智
责任编辑　孙　婷
项目编辑　王嘉明
责任校对　刘伟敏　时东明
装帧设计　卢晓红　张明珠

出版发行　华东师范大学出版社
社　　址　上海市中山北路3663号　邮编 200062
网　　址　www.ecnupress.com.cn
电　　话　021-60821666　行政传真 021-62572105
客服电话　021-62865537　门市(邮购)电话 021-62869887
地　　址　上海市中山北路3663号华东师范大学校内先锋路口
网　　店　http://hdsdcbs.tmall.com

印 刷 者　上海昌鑫龙印务有限公司
开　　本　787毫米×1092毫米　1/16
印　　张　12.5
字　　数　168千字
版　　次　2022年8月第1版
印　　次　2025年4月第3次
书　　号　ISBN 978-7-5760-3081-5
定　　价　59.00元

出 版 人　王　焰

(如发现本版图书有印订质量问题,请寄回本社客服中心调换或电话021-62865537联系)

编委会

主　编

汤晓鸥　潘云鹤　姚期智

执行主编

林达华

本册编者（按姓名拼音排序）

柏宏权　程　凯　戴　娟　董晓勇　葛艺潇　李　诚

李治中　刘建博　刘啸宇　刘志毅　潘安娜　祁荣宾

饶安逸　苏晓静　田　丰　田晓亮　王　健　王　静

王若晖　徐国栋　杨　磊　张　铭　赵　峰

序一

当我收到邀请为本书写序时，心里很纠结：一方面，我没做过人工智能研发，也没讲过人工智能课程，自知没有资格为人工智能读本写序；另一方面，作为从业多年的教育工作者，又曾参与人工智能发展战略研究，深知人工智能教育对于推动智能化和促进教育改革的重要性。这本《人工智能基础》，是上海人工智能实验室编写的面向高中学生的读本，是很有意义的开拓性的探索。所以，我想借此机会就人工智能教育讲几句话。

第一，人工智能是推动社会智能化的先进生产力。人工智能是具有普遍意义的革命性的通用技术，它正在加速推动我们生活和生产的智能化，这是一个不可逆转的历史进程。

第二，人工智能教育对于智能化发展具有基础性、全局性和先导性的作用。当今的青少年，是智能化的“原生代”，让他们学习、掌握好人工智能，以造福人类社会，是当代教育的重大任务。联合国教科文组织发布的《北京共识——人工智能与教育》中要求，“将人工智能相关技能纳入中小学学校课程和职业技术教育与培训以及高等教育的资历认证体系中”。我国《新一代人工智能发展规划》也要求，“实施全民智能教育项目，在中小学阶段设置人工智能相关课程”。

第三，开展人工智能教育是一项全新的、充满挑战性的工作。人工智能毕竟是一门在信息科学、数学和统计学等众多学科基础上发展起来的且尚在快速发展中的高新技术，在基础教育阶段开展人工智能教育，决不是开设一门课程那样简单的工作。人工智能教育，可以包含以人工智能为内容的教育，以人工智能为工具的教育和人工智能（即智能化）时代的教育，涉及从内容、方法到体系的深刻而广泛的教育变革。

第四，这本《人工智能基础》结合对人工智能基础知识的传授，进行着值得称道的改革创新探索。比如，本书各章从“主题学习项目”入手，力求将“学理”寓于解决问题的过程之中；又如，本书的模块化设计，既有利于教学的灵活安排，又有利于将人工智能学习与其他课程更好地结合起来；再如，本书各章均嵌入“人工智能小故事”，培养学生的技术伦理意识和人文关怀。本书还积极探索理论与实践结合的问题导向学习、将人工智能工具用于学习、个体学习与团队学习结合等新的教学模式。

作为新的探索，还需在实践中不断完善。衷心希望参加本书教与学的老师和同学，积极参与这一创新探索，共同创造人工智能教育的有效模式。

龚　克

中国新一代人工智能发展战略研究院执行院长

序二

二十一世纪最初的二十多年，科学技术和人类社会的发展，均变动剧烈，令人吃惊的事件层出不穷，俨然是一个高度不确定的“风险社会”，实际上，这也可能是充满无限可能的“机遇时代”。

现代量子力学认为，宇宙起源于虚无中的量子涨落，起源于真空中爆发的奇点。奇点是一个体积无限小，曲率无限高，温度无限高，密度无限大的存在。它是一切真正的原始起点并包含着无限的未来，而这与我们的先人老子在2500多年前提出的“天下万物生于有，有生于无”的论断不谋而合。而库兹韦尔早在2005年，就预言2045年奇点将会来临，届时人工智能将可能完全超越人类智能。

人工智能在近70年的发展中已经渗透到各行各业中，成为人类改变世界的有力工具。而这几年，量子科技、量子信息、量子计算快速进步，一再颠覆性地突破，从今往后，基于新一代量子技术及器件基础之上的人工智能，将会更令人惊叹！

即使在过去的近10年间，得益于计算机算力的提高和大数据的积累，以深度学习为代表的人工智能技术也得到了迅猛发展，现如今人工智能已经可以写诗、谱曲、绘画、做实验、发现新药、寻找催化剂、设计新材料、合成新物质等，并且，其能力超强，效率惊人，不知疲倦。为了保证我们在越来越加速奔向未来的“时间高铁”中不掉队、不落伍，不成为人工智能时代的盲人，我们需要知道，究竟什么是人工智能，其背后的原理是什么，现今的人工智能是否已经超越人类智能，以及如何保障人工智能与人为善。

这套图书涵盖了人工智能的四项基本的技术能力：感知、学习、推理和决策，以及它们在数学上的核心：表达与模型；同时，它也指出了人工智能教育应该蕴含的在技术之上的一个重要方面，也就是人工智能所带来的重大社会影响。本书将这些要点融汇到具体的章节内容中，同时采用项目制的方式保障学生实践练习。全套图书将人工智能学习划分为四个单元，每个单元立足于一个应用领域，贯穿从核心模型、基本技术、实践应用、社会影响的四个知识圈层，使学生在学习知识的过程中，能体会各层知识之间的相互联系。

技术的发展永远是一把双刃剑，人工智能技术的广泛应用，提高了生产效率，给我们的生活带来便利，同时也带来了隐私、伦理、公平、安全、就业等方面的挑战。本书在学习技术原理的基础上同样注重对伦理问题的探讨，通过一系列伦理案例，引导学生正视人工智能背后的问题，确立技术可控、可持续发展、以人为本的人工智能伦理观，提前洞悉和理解人工智能所产生的社会影响，以便客观看待和冷静思考人工智能与人以及社会的多元关系，从而实现人类社会和人工智能技术的可持续发展。

让我们一起来研究阅读《人工智能基础》吧！我们人类智能可以和人工智能携手并进，互相借鉴，互补向前，从而共同创造地球生态和人类社会的美好明天！

钱旭红
中国工程院院士、华东师范大学校长

寄语（一）

人工智能的第一个字是人，有了顶级的人才，一流的、原创的AI就能水到渠成。真正的原创是“源头创新”，“源”字三点水的三个点代表了源头创新的三个核心要素：

第一，好的创新环境，即保护知识产权，尊重原创。

第二，尊重人才，重视人才培养，通过AI＋教育，十年树木，百年树人，让原创“源远流长”。

第三，学术的充分交流与合作。AI需要突破传统行业之间的界限，突破学术与产业的界限，突破国与国的界限，才能碰撞出思想的火花，结出丰硕的果实。

为了实现“源头创新”，推动原创的AI技术研究，需要一个健康而高效的人才培养体系，这个培养体系要从基础教育开始。本书将以培育人工智能时代所必需的思维方式为核心，向同学们传授人工智能的基础原理与知识，讲述人工智能发展对经济社会生活的影响，培养和锻炼同学们使用人工智能技术解决问题、开拓创新的能力。期待同学们加入这个创新创造的旅程，共同为构建人工智能时代的新型教育体系添砖加瓦。

汤晓鸥

寄语(二)

人工智能 2.0 时代正在到来。2017 年,国务院印发《新一代人工智能发展规划》,对人工智能走向新一代进行了谋划布局。人工智能作为新一轮产业变革的核心驱动力,将进一步释放历次科技革命和产业变革积蓄的巨大能量,创造新的强大引擎,重构生产、分配、交换、消费等经济活动各环节,形成从宏观到微观各领域的智能化新需求,催生新技术、新产品、新产业、新业态、新模式,引发经济结构重大变革,并深刻改变人类生产生活方式和思维模式,实现社会生产力的整体跃升。

世界正从二元空间转为三元空间。也就是说,在原有的人类社会空间和物理空间之间,而今加入了一个新的空间,即信息空间。三元空间加速互联互动催生了 AI2.0 时代,大数据智能、群体智能、跨媒体智能、人机混合增强智能和自主智能系统将作为关键理论和技术支撑,生发出各种算法和系统,应用到城市、医疗、制造等实际创新之中。

从世界变化的角度看教育,不同专业方向的学生都应学习数字化、智能化技术,未来才能立于不败之地,并卓然于潮头。不仅如此,人工智能的学习要从中小学就开始打基础,需将编程的思想、理念和技术渗透到中小学教育中去。本书将人工智能的感知、学习、推理和决策落实到项目层面,通过项目实践帮助同学们了解和学习人工智能原理,尝试应用人工智能解决问题,培养使用人工智能的能力,为未来数字化智能化的发展储备力量。

潘云鹤

寄语(三)

人工智能作为第四次工业革命的重要驱动力量,正深刻改变着教育、医疗、金融等行业,极大地推动了社会进步,并产生了巨大的社会影响。人工智能已成为本世纪最重要的新兴科学之一,其重要程度可与前两个世纪中数学、物理所占据的地位一样,会对各个学科产生无比深远的影响。

中国要在人工智能领域达到世界领先的水平,就必须给学生提供最优质的人工智能教育。我们要把人工智能当作一门基础学科来建设,而中学的人工智能教育,是人才培养的核心环节。

如何让学生在科学启蒙阶段打下坚实的人工智能基础,是中国也是全世界正在探究的问题。

本书希望通过人工智能相关的项目实践,为同学们系统介绍人工智能,揭示人工智能算法原理,探究人工智能背后的伦理问题,让同学们初步了解人工智能神奇而巨大的作用,进而不断学习,为迎接人工智能时代的到来打下坚实基础。

姚期智

* 为选学内容

第1章 图像处理基础

照片是用来记录生活的方式之一，使用相机拍摄照片可以将美好瞬间定格。无论是使用胶片相机、数码相机还是智能手机，摄影已经是日常生活的一部分。有的人习惯用镜头记录旅途中的大好河山，有的人习惯用镜头记录农田间的落日余晖，有的人习惯用镜头记录儿童的天真无邪，有的人习惯用镜头记录古建筑的历史沧桑。然而，拍摄时常因为拍摄技术、环境光线、相机光感等问题，拍摄的照片不令人满意。比如，照片整体有灰蒙的感觉、局部曝光不足或者曝光过度。为了解决这个问题，拍摄者通常会对拍摄的图像进行处理，从而获得效果更好的照片。

过去摄影师从拍摄照片到后期处理均需要娴熟的技术，随着人工智能技术的发展，越来越多的智能相机降低了对摄影者的技术要求。那么人工智能技术究竟如何做到这一点呢？这一切还得从图像成像与图像处理说起。

在本章的学习中，我们将以“处理图像绘海报”为主题，开展项目活动，探索图像成像及图像在计算机中表示的奥秘，体验图像处理的原理、作用和价值。

主题学习项目：处理图像绘海报

项目目标

本章以“处理图像绘海报”为主题开展项目学习，尝试利用图像处理技术，对效果较差的图像进行处理，并拼接到海报模板中。实现项目的过程中，将学习成像原理与图像的数字化表达，体验修复照片与改变图像特效等的过程，继而理解图像的特征，为未来的学习打下坚实的基础。

1. 通过项目活动，了解图像的数字化表达，能够根据实际图像，设计相应方法（图像灰度变换方法、图像卷积操作等），优化图像显示效果。

2. 掌握图像几何变换的基本原理，能够根据实际需求，选择对应图像几何变换的方法，对图像进行几何变换。

3. 合理选用图像处理方法，完成图像的基本处理，生成满足需求的图像。

项目准备

为完成项目需要做如下准备：

- 全班分为若干小组，每组建议 2~3 人，明确组员分工。
- 分享日常拍照中遇到的问题，收集日常生活中拍摄效果欠佳的照片。
- 为“处理图像绘海报”主题内容学习准备实验环境。

项目过程

在学习本章内容的同时开展项目活动。为了保证本项目顺利完成，要在以下各阶段检查项目的进度：

1. 根据图像几何缩放的原理，制定项目方案并完成图像的缩放。

2. 根据图像的像素值，设计图像灰度变换方案，将不清晰的图像变清晰。

3. 根据需求设计卷积核，去除图像中的噪点并制作特效。

4. 设计几何变换方案，将处理后的图像合成到海报中。

5. 利用图像分割原理设计方案，抠出图像中的特定部分。

项目总结

完成“处理图像绘海报”系列主题任务，各小组提交项目学习成果（包括图像处理方案、原始图像与处理后图像的对比示例等），开展作品交流与评价，体验小组合作、项目学习和知识分享的过程，通过项目实践，理解图像处理的原理，初步了解图像特征的概念。

1.1 图像的感知

学习目标

- 知道图像成像的原理；
- 能够描述灰度图像与彩色图像数字化表达的方法；
- 掌握图像像素值与图像分辨率的概念；
- 掌握对图像进行几何缩放的方法。

体验与探索

人类如何获取图像

生活中图像无处不在，图像可以记录不同的场景。铭铭是一个摄影爱好者，他希望通过不断的学习，可以拍摄出优美的照片。那照相机是如何得到照片的呢？实际上照相机成像模拟了人类视觉系统获取到图像的原理。人类能够通过眼睛感知五彩斑斓的世界，这是因为眼底细胞可以接收物体的发射光或者反射光，如图 1－1－1 所示，这些细胞将接收到的光信号传递给大脑，经过神经系统的处理形成了各种各样的图像。

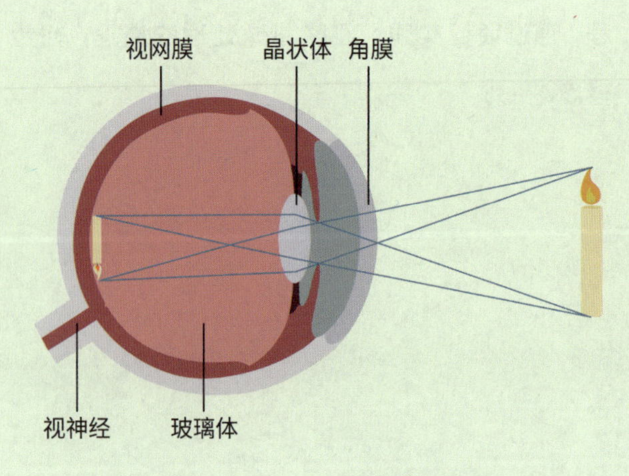

图 1－1－1　人眼成像原理

思考　1. 如何能够将自然界中的场景定格成一幅幅图像？
2. 对于计算机来说，图像以怎样的形式进行存储呢？

1.1.1　成像原理

人眼成像的原理如图 1－1－1 所示，光线（物体的发射光或反射光）进入眼睛，经过角膜、晶状体、玻璃体等屈光系统的折射后，聚集在视网膜上，形成光的刺激。视网膜上的感光细胞受到光的刺激后，经过一系列的物理、化学变化，产生神经冲动。神经冲动经视网膜神经纤维传导至视神经。两眼的视神经在脑垂体附近会合，最后到达大脑皮层的视觉中枢，产生视觉，就这样人看到了物体。在这个过程中视网膜上的影像是上下颠倒、左右相反的，信号到达脑部时经视觉中枢处理将影像转了回来，最终人类视觉系统看到与实际景象一样的像。

类似人眼成像的原理，在科学课中也有涉及，即小孔成像。小孔成像是光的直线传播现象，如图 1－1－2 所示。物体上部的光线通过小孔后，射到了光屏的下部，物体下部的光线通过小孔后，射到了光屏的上部，因此物体通过小孔后形成了一个倒立的像。

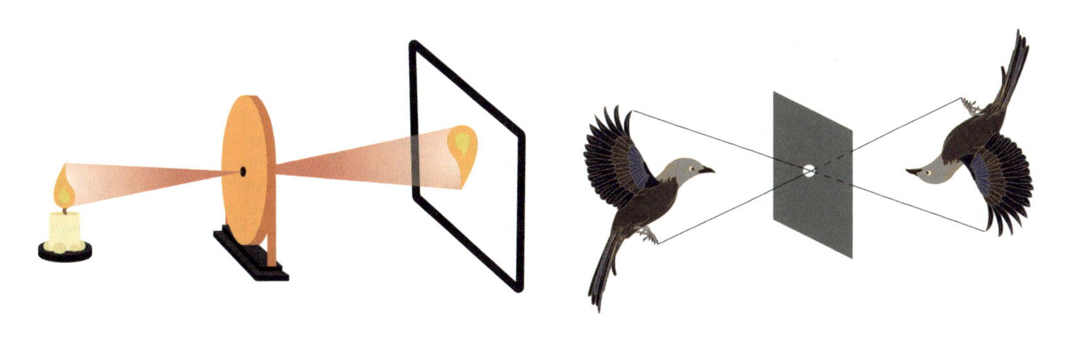

图 1－1－2　小孔成像

借助这个模型，可以获得物体的图像。照相机就是根据小孔成像的原理发明的。照相机中的镜头相当于小孔成像中的小孔，镜头中大多数安装凸透镜以保证光线成像距离。对于胶片相机而言，景物通过小孔进入暗室被一些特殊的化学物质（如显影剂等）留在胶片上；数码相机则是通过一些感光元件把景象存储在存储卡内。广义上，照相机是指任何可以捕捉和记录影像的设备，除了生活中拍照使用的照相机，还有很多具备照相机特征的设备，如雷达、医学成像设备、天文观测设备等。

1.1.2 图像的数字化

被摄景物发射或反射的光线经过照相机镜头照射在胶片或者感光元件上，依靠感光物质，被拍摄的景物以图像的形式被记录下来。由于进入照相机镜头的光线是连续变化的，因此感光物质感知到的数据也是连续的。为了将图像保存在计算机中，需要把连续的感知数据转换为离散的数据，即对图像进行数字化表达。如何对一幅连续的图像进行数字化表达呢？图1-1-3中展示了一个灰度渐变的三角形色块的数字化原理。

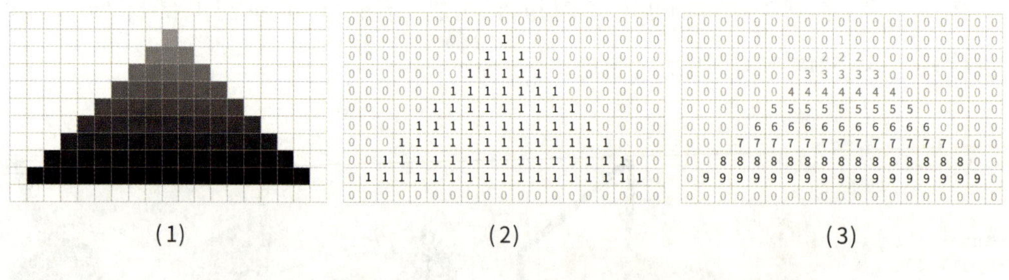

图1-1-3　三角形的数字表示

将左图中有颜色的地方填上1，没有颜色的地方填上0，可以得到左图的一种数字化表达方式，如中图所示。继续考虑使用数字表示左图中的不同色彩，左图中三角形色块的色彩由浅到深共有9种不同颜色，对应使用数字1～9来表示，白色的色块使用0表示，可以得到右图所示的数字化表达结果。上述过程揭示了图像数字化的原理，即对于一幅数字图像来说，使用不同的数字表示不同的颜色。

对于一幅灰度图像（图像是黑白渐变的，没有彩色成分）而言，常用的图像颜色与数字的对应关系，如图 1－1－4 所示，其中 0 代表着黑色，255 代表着白色，数字越大，颜色越白。使用 0～255 表示灰度图像中不同的颜色即可完成灰度图像的数字化表达。

图 1－1－4　灰度图像的数字表示

那如何找到图像最小单位的颜色块呢？对于任意一幅数字图像而言，将图像逐渐放大，可以发现图像由一个个的小格子组成，每个格子是一个色块，可以使用一个数值表示，如图 1－1－5 所示。

图 1－1－5　放大后图像的像素点

图中的每一个小格子称为像素。图像中格子的列数乘以行数（即水平方向的像素数×垂直方向的像素数）称为图像的分辨率（分辨率有多种定义方式，此处定义为其中一种，本书中提到图像分辨率均以此定义为准）。

比如，一幅图像的分辨率是 1 280×720，指的就是这个图像是由 1 280 列、720 行的像素组成的。图 1-1-5 的分辨率为 349×227。图像中每一个像素可以用一个数字表示，图像可以表示为一个由数字组成的矩形阵列，称为矩阵。这样就可以将图像表示成数据存储到计算机中。反过来，如果给出一个数字组成的矩阵，将矩阵中的每个数值转换为与之对应的颜色，并在电脑屏幕上显示出来，就可以复现这张图像。

灰度图像是由黑到白的渐变色组合而成的图像，这种表示从黑色到白色的 256 个色阶的变化称为灰度图像的通道。彩色图像的通道数比灰度图像多，彩色图像由红色、绿色、蓝色三个通道组成，也就是常说的 RGB 三通道。

实践活动

将图像转化为数字形式

尝试编写程序完成如下任务：

1. 加载并显示彩色图像对应的灰度图像，并获取灰度图像的图像分辨率；
2. 观察图像局部位置的像素值；
3. 加载并显示彩色图像，并获取彩色图像的分辨率；
4. 观察彩色图像局部位置 RGB 三个通道的像素值。

1.1.3 图像的几何缩放

数字图像由非常多的像素规则排列而成。相同视角下拍摄的图像，分辨率越高，放大后越清晰，如图 1-1-6 所示，展示了相同视角下不同分辨率的图像。

图 1-1-6　相同视角下不同分辨率对比图

显然，图像分辨率越高，越容易辨别图像中的内容。然而很多时候，常常需要将一张图像缩小，获取分辨率较低的图像。比如发送图像时，关注的是传输图像的大致内容和传输速度，这个时候就可以适当降低图像的分辨率，将图像缩小。如何缩小图像呢？此时可以对图像进行等间距采样，从而将图像缩小，如图 1-1-7 所示。

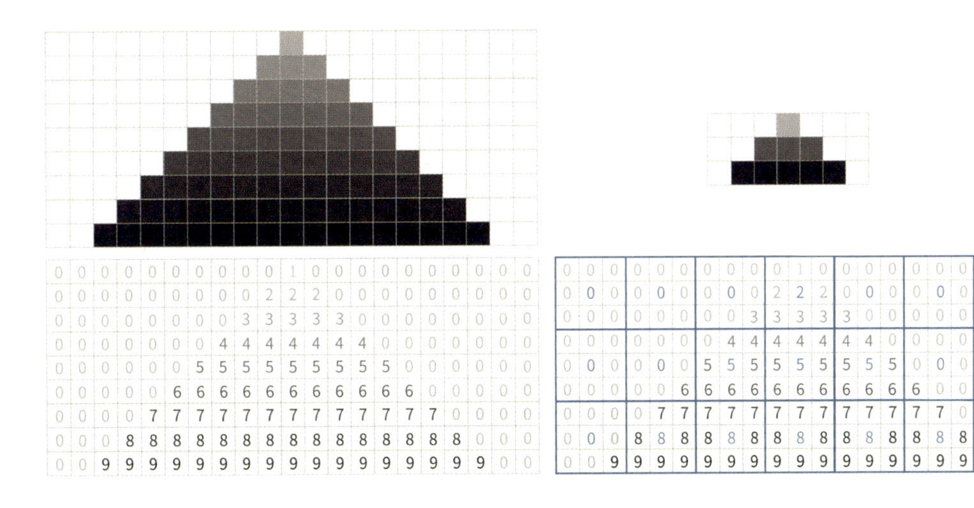

图 1-1-7　灰度图像缩放

图中使用了一个 3×3 的滑窗，从图像的左上角依次向右向下，将相邻的 9 个像素格子转变为 1 个像素格子，新生成的像素值取原图像中 3×3 个格子最中间的像素值。这样，一张分辨率为 21×9 的图片被转换为一张分辨率为 7×3 的新图片。这样图像的行和列就被缩小了 3 倍，总像素数量减少为原来的 1/9。采用类似的原理就可以实现图像的缩放。

图 1-1-8　彩色图像缩放前后对比

实践活动

图像的缩小

准备一张图像，完成如下任务：

1. 编写程序获取图像的分辨率，并将图像的行、列方向的像素个数缩小 3 倍(行、列方向不是 3 的倍数的进行整除操作)；

2. 思考：如果需要将图像的行、列方向放大 3 倍，应该如何处理？

阅读拓展

图像的放大缩小的常用方法

1. 图像的缩小

图 1-1-9 中采用 5×5 的滑窗对图像进行缩放，缩放后图像的行和列被缩小 5 倍，总像素数量减少为原来的 1/25。如果遇到图像行方向或列方向不能被 5 整除，可以给图像周围补零，补零的方法如图 1-1-9 中绿色区域所示。

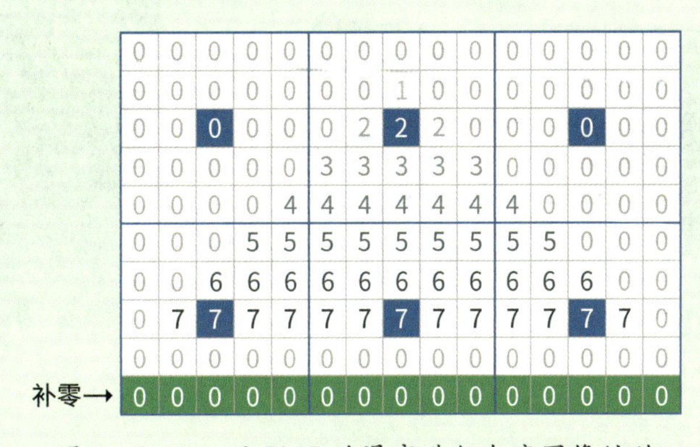

图 1-1-9　用 5×5 的滑窗进行灰度图像缩放

进行图像缩小时可以设定的缩放时选取像素规则，比如取滑窗左上方的第一个像素值或是右下方的最后一个像素值。请思考哪种像素选取规则更合理。

2. 图像的放大

放大图像的本质是给图像填补一些像素值。实现图像放大有很多方法，图 1-1-10 展示了一种简单的方法，将已知像素周围都填充为该像素的值。

0	0	1	0	0
0	3	3	3	0
5	5	5	5	5

0	0	0	0	0	0	1	1	1	0	0	0	0	0	0
0	0	0	0	0	0	1	1	1	0	0	0	0	0	0
0	0	0	0	0	0	1	1	1	0	0	0	0	0	0
0	0	0	3	3	3	3	3	3	3	3	3	0	0	0
0	0	0	3	3	3	3	3	3	3	3	3	0	0	0
0	0	0	3	3	3	3	3	3	3	3	3	0	0	0
5	5	5	5	5	5	5	5	5	5	5	5	5	5	5
5	5	5	5	5	5	5	5	5	5	5	5	5	5	5
5	5	5	5	5	5	5	5	5	5	5	5	5	5	5

图 1-1-10　灰度图像的放大

项目实施

修改图像的分辨率

一、项目活动

近期铭铭要参加校园开放日活动，学校为了展现学生风采，统一定制了海报模板，如图 1－1－11 所示。

图 1－1－11　海报模板

尝试设计方案，根据海报中空白位置的尺寸，调整个人照片的分辨率，使之与海报空白位置的像素密度（即每英寸所拥有的像素数量）一致。

二、项目检查

提供原图与设计方案，并编写程序，对图像进行合理的变化，得到处理后的新图片。

练习与提升

1. 针对图 1－1－12 采用 3×3 的滑窗一次滑动两格将图片缩小，写出缩小后的图像像素值。
2. 针对图 1－1－12 采用 5×5 的滑窗一次滑动两格将图片缩小，写出缩小后的图像像素值。

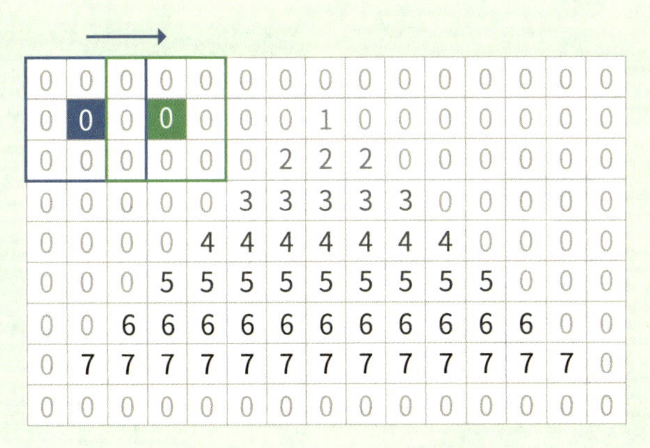

图 1-1-12　图像缩小

1.2　图像的灰度变换

学习目标

- 知道图像灰度变换的概念；
- 能够描述分段线性变换与直方图均衡的原理；
- 能够根据图像实际情况设计方案对图像进行灰度变换。

体验与探索

图像中存在的缺陷

铭铭在制作海报选择个人照片时发现，部分照片的效果不好。比如，图像颜色较差或者图像中存在雪花点等，如图 1-2-1 所示。

照片效果较差的现象十分常见，因此常常需要对照片进行适当的处理，比如调整照片图像的亮度、对比度，给照片添加滤镜特效等。图像在计算机

图 1-2-1 效果欠佳的图像

中是以很多数字构成二维阵列的形式存在的，实质上对图像的处理，就是对二维阵列中的数字进行变化。

思考 1. 平常拍摄的照片出现过哪些问题？你能想到是什么原因导致吗？

2. 假如你有借助手机软件处理照片的经验，试着发表你的观点，一张过暗的照片如何能够把它调亮？

1.2.1 灰度变换概述

随着技术在生活中的应用，如今，人们已经习惯为拍摄的照片增加滤镜或者设置特效。黑白特效是一种最简单的特效，具体效果如图 1-2-2 所示。

两组图中，第一张与第三张是原始图像，第二张与第四张是原始图像对应的黑白特效。对比图像可以发现原始的图像包含了更多的色彩；黑白特效变换后，图像只有黑、白两种颜色。

仔细分析观察黑白特效的图像可以发现，黑白特效有两种作用：对于背景简单的图像，如图 1-2-2 中的第一组图黑白特效变换可以起到图像分割

图 1-2-2　图像黑白特效

的作用，即分割图像的前景与背景；对于一般的图像，如图 1-2-2 中的第二组图，黑白特效变换可以作为一种艺术风格的生成方式，黑白特效后的图像带有复古质感。

那么如何将原始图像转换为黑白特效图像呢？图 1-2-2 中的第一张原始图像中颜色较浅的部分，变换后成了白色；原始图像中颜色较深的部分，变换后成了黑色。图 1-2-2 中的第三张彩色图像的颜色也有深浅之分（在像素值上表现为数值大小的不同），图像中头发、草地等颜色较深，变换后成了黑色；原始图像中皮肤、天空、云彩等颜色较浅，变换后成了白色。

因此，黑白特效变换实际是根据原始图像的像素值进行变换的，数值较低（即颜色较深）的像素，变换为黑色（像素值修改为 0）；数值较高（即颜色较浅）的像素，变换为白色（像素值修改为 255）。判断深浅的标准通常是人为选取的一个临界值（也称为阈值），大于这个值认为是浅的，反之认为是深的，如图 1-2-3 中的阈值 m。

黑白特效的学名是图像二值化变换，将上述变换的分析使用更加严格的数学语言来描述：对于灰度级为 0 到 255 的图像，图像二值化函数如下：

$$y=f(x)=\begin{cases}255, & x \geqslant m \\ 0, & x < m\end{cases}$$

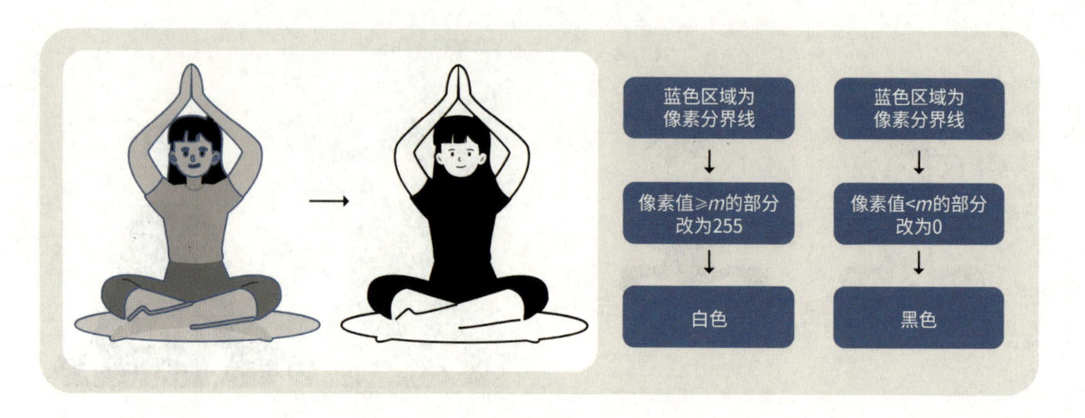

图 1-2-3　黑白特效变换原理

公式中的 m 是人为选定的阈值，以取 $m=127$ 为例，函数对应的曲线如图 1-2-4 所示。

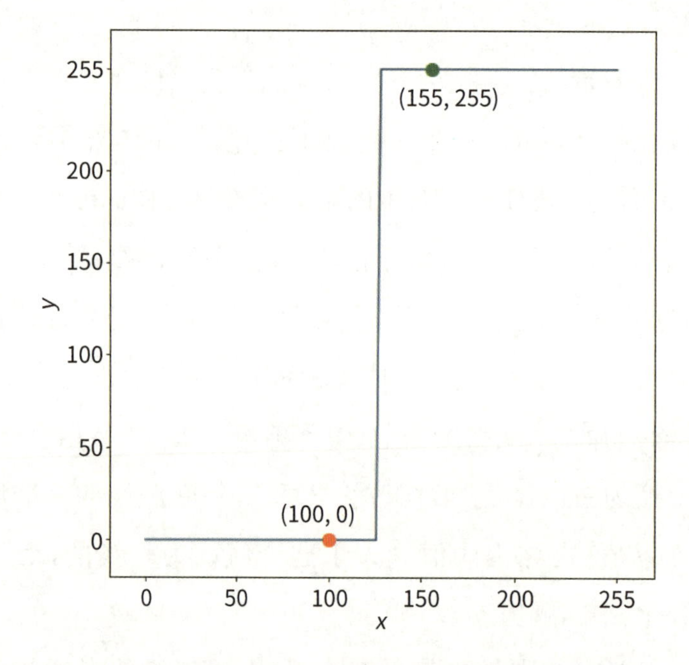

图 1-2-4　阈值为 127 时二值化函数的函数曲线图像

变换前图像的像素值为 x，变换后的像素值为 y，y 的值只有两种可能，即 0 和 255。图像的具体变化情况取决于原始图像中该像素点的灰度值的大小，如果 x 大于等于 127，那么变换后的像素值 y 为 255，如图中绿色点；如果 x 小于 127，那么变换后的像素值 y 为 0，如图中橙色点。对于原始图像而言，变换后实现了以像素值 127 为分界线的黑白特效。

实践活动

图像二值化效果实践

选择一张你喜欢的图像，编写程序对图像进行二值化处理。尝试设定不同的二值化阈值，观察不同阈值得到的图像有什么区别。

图像二值化是一种典型的灰度变换。灰度变换是指根据某种目标条件按一定变换关系逐点改变原始图像中每一个像素灰度值的方法。图像二值化包含了灰度变换的一般特点，即对于每一个像素点的灰度值，都采用相同的函数，进行像素值变换，变换后得到一个新的灰度值。不同的灰度变换对应不同的变换函数。

除了图像二值化变换，还可以设定各类变换函数，对图像中的像素点进行变换。以变换函数 $y=x^2$ 为例，如图 1-2-5 所示，变换后的图像上每个点的像素值都是原来像素值的平方（图中只取了 3 个点，其余白色的格子内的像素进行同样的变换）。

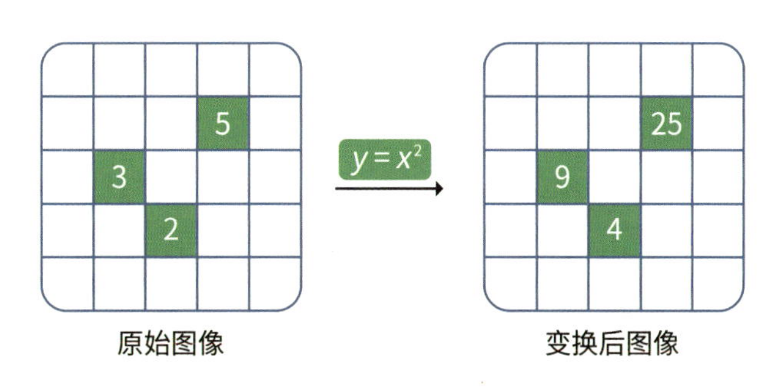

图 1-2-5　灰度图像的灰度变换

思考活动

图像像素值的边界处理

对图像进行数字化表达时，常常使用0~255，共256个值来描述某个通道的颜色变化。然而在进行灰度变换时，可能会出现变换后像素值大于255的情况。

思考 灰度变换后的像素值如果大于255应该如何处理，尝试说出你认为可行的处理方法，并说明理由。

对于图像的灰度变换可以用变换函数 $y=f(x)$ 来刻画，其中 y 是变换后图像上某点的灰度值，x 是变换前该点的灰度值，$f(\ )$ 是变换的具体函数，可以取任意函数，如线性函数、二次函数、指数函数、对数函数等。进行灰度变换时，如果变换后的像素值超过255，可以做截断处理，即超过255的像素值都按照255处理。

1.2.2 分段线性变换

摄影爱好者铭铭在大雾天气中拍摄的城市街道图像，如图1-2-6所示，其中左图为拍摄的原始图像，因大雾天气框内的车辆、道路和树木十分模糊。对原始图像进行灰度变换后得到右图，图中无论是车辆还是道路都更加清晰。

如何实现这个变换呢？分析原始图像可以发现，因大雾天气影响，整体图像对比度较低。对比度指的是一幅图像中明暗区域最亮的白和最暗的黑之间不同亮度层级的测量，差异范围越大代表对比越大，差异范围越小代表对比越小。动态范围是对比度的一种简单表示，它主要指图像某一区域内最大灰度值与最小灰度值的差。动态范围越大，意味着该区域包含了大灰

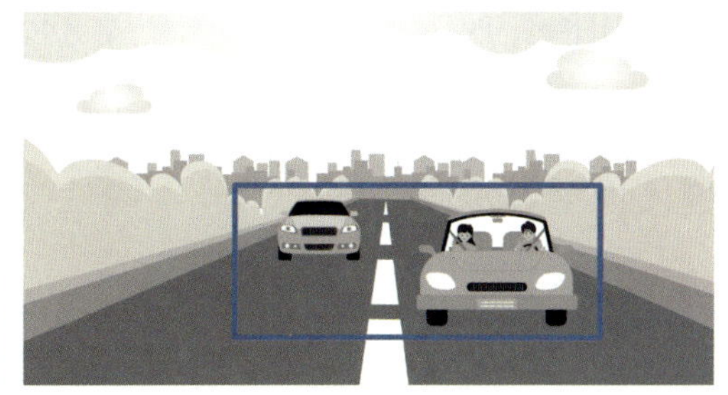

图 1-2-6　城市街道图像分段线性变换对比

度值像素和小灰度值像素，在视觉效果上就是既有亮像素也有暗像素，对比度较强，如图 1-2-6 右图；动态范围越小，意味着像素的灰度值大致相同，视觉效果上就是像素的亮暗程度相近，如图 1-2-6 左图。

对比度对图像的视觉效果非常关键，一般来说对比度越大，图像越清晰醒目，色彩也越鲜明艳丽；而对比度小，则会让整个画面都灰蒙蒙的。这种灰蒙其实是因为图像中大量的像素有着相近的灰度值，普遍接近一个 0 到 255 中间的某个灰度值，如图 1-2-7 所示，图像中的像素大部分分布在 170 与 230 之间。

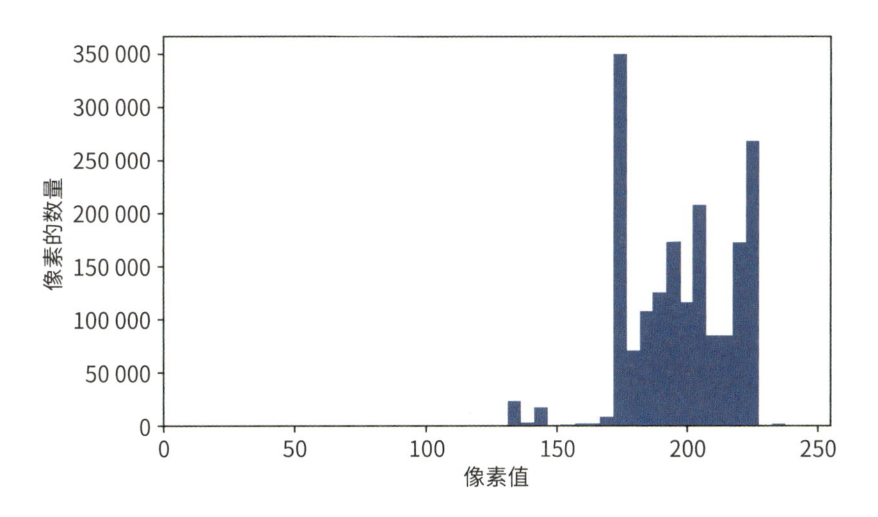

图 1-2-7　城市街道图像像素点灰度值分布

如何变换能够扩大图像像素的动态范围，从而使图像变得更清晰呢？灰度变换中的“分段线性变换”可以解决这个问题，分段线性变换常用于调整图像动态范围的变换。分段线性变换的变换函数 $f(x)$ 是一个分段线性函数，函数曲线如图 1-2-8 所示。

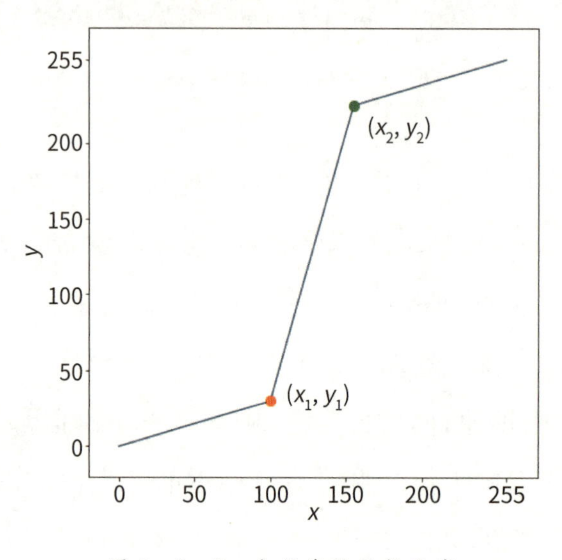

图 1-2-8　分段线性函数曲线

那么分段线性变换为什么能调整图像的动态范围呢？假设图像某一区域内有两个点，灰度值分别是 v_1 和 v_2，并且有 $x_1 < v_1 < v_2 < x_2$。变换前的动态范围是 $v_2 - v_1$，变换后动态范围是 $(v_2 - v_1) \times (y_2 - y_1)/(x_2 - x_1)$。由函数曲线可以看出中间段直线的斜率是大于 1 的，也就是 $(y_2 - y_1)/(x_2 - x_1)$ 大于 1，因此变换后的动态范围比之前更大了；反之，若 v_1 和 v_2 落在两边斜率小于 1 的区间内，变换后动态范围将减小。通过上述分析不难发现，变换函数的斜率控制了动态范围的变化效果。在实际应用中，往往需要根据图像具体的亮暗状况来设计变换函数。

图 1-2-9 中包含一张显微镜下花粉的图像，图像整体效果比较朦胧，图中蓝框的位置不够清楚，导致难以对花粉进行观察。

图 1-2-10 中的绿色柱形图展示了花粉图像各像素点的灰度值。图像

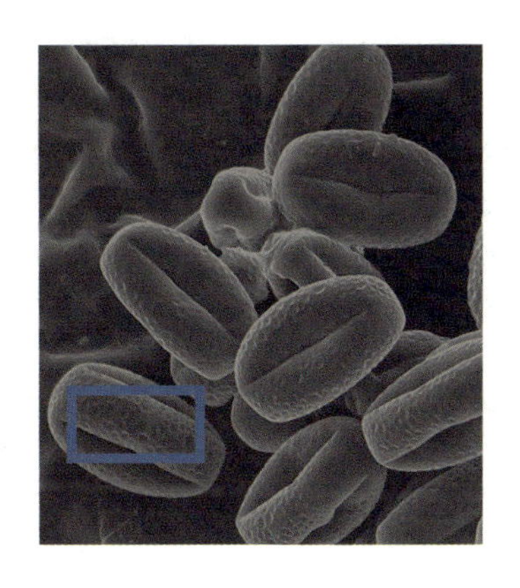

图 1-2-9　显微镜下花粉图像分段线性变换对比

中各像素点的灰度值大多数分布在 50 到 110 之间。

为了增强图 1-2-9 中图像的对比度，使得蓝框内花粉表面的凹陷细节更加明显，可以对图 1-2-9 中的图像进行分段线性变换，拉伸图像的动态范围。根据图像灰度值的分布规律，令图 1-2-8 中的 $x_1=50$，$y_1=10$，$x_2=110$，$y_2=210$，并根据这个分段函数进行分段线性变换。变换后的图像效果对比如图 1-2-11 所示，变换后的灰度分布如图 1-2-10 的蓝色柱形所示，可以明显看到变换后的灰度分布比变换前范围更广。

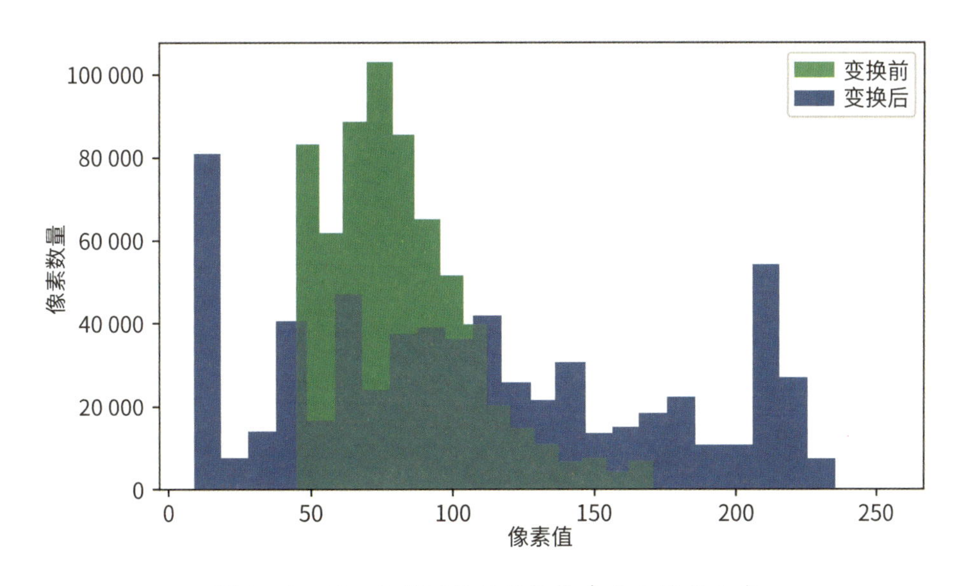

图 1-2-10　显微镜花粉图像像素点灰度值分布

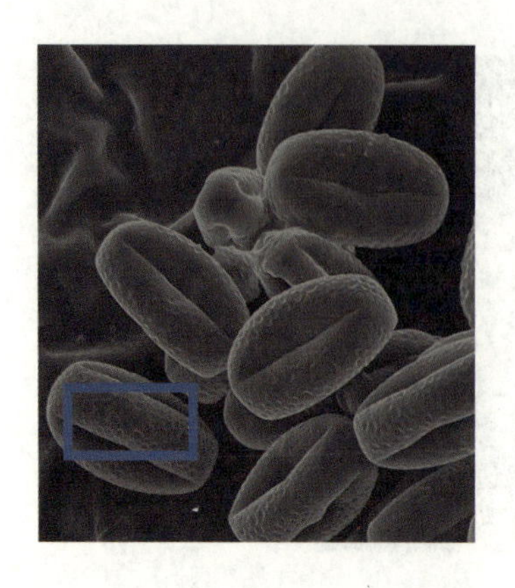
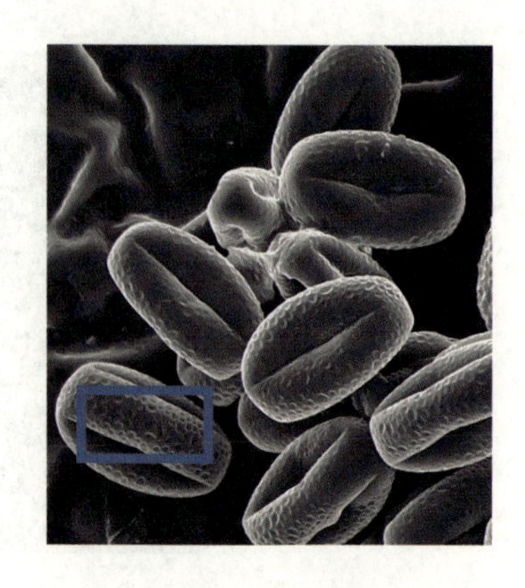

图 1-2-11　显微镜下花粉图像分段线性变换对比

实践活动

分段线性变换图像处理

根据图 1-2-6 中左图的城市街道原始图像，尝试设定多组 x_1, y_1, x_2, y_2 的值。观察使用这些不同组的参数值，分段线性变换得到的图像有什么区别，使用怎样的参数值可以使得雾气去除得更干净。

对比图 1-2-7 中城市街道原始图像像素点灰度值分布情况，思考如何根据灰度值分布合理设计一个分段线性变换函数，使得变换后的图像更清晰。

1.2.3　直方图均衡

分段线性变换通常需要根据图像的灰度值分布来人工设计变换函数的参数（x_1，y_1，x_2，y_2），当有批量图片需要处理时，需要耗费大量人力。直方图均衡能够自动调整图像的动态范围，可以解决这个问题。

这里的直方图具体是指颜色直方图。颜色直方图拥有横轴和纵轴两个坐标轴，横轴表示像素值的区间(0 至 255)，该区间被划分成若干个子区间；纵轴表示图像中处于每个子区间的像素个数，该值越大，表示有越多的像素的值在这个区间内。前面图 1-2-7 是单通道的颜色直方图，彩色图像的颜色直方图相对更复杂一些，如图 1-2-12 所示，图中为某张彩色图像 RGB 三个通道各自的颜色直方图。

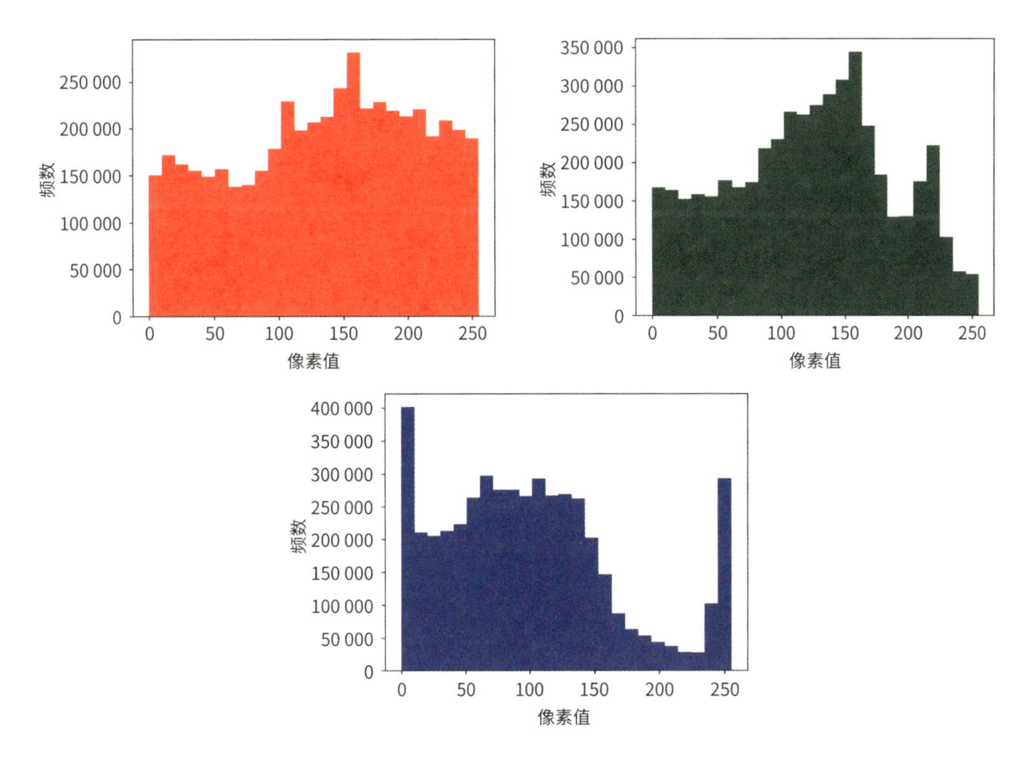

图 1-2-12　某图像 RGB 三个通道的颜色直方图

图 1-2-13 中展示了应用直方图均衡对原始图像处理前后的对比，处理后图像的对比度有了明显提升，这种图像处理方法被称为直方图均衡化。

图 1-2-13　直方图均衡前后图像对比

阅读拓展

直方图均衡的原理

灰度图像只包含一个通道，对应的颜色直方图只有一个。灰度图像使用二维矩阵表达，这个矩阵每个位置[i, j]必定对应一个 0 到 255 的数值。假设图像对应的灰度级范围是[0, $L-1$]（灰度级表示像素有可能取到的灰度值，如 0, 1, 2, …, 255），那么直方图可以表示为函数：

$$h(r_k = n_k,\ k = 0, 1, 2, \cdots, L-1)$$

其中 r_k 表示第 k 个灰度级，n_k 表示的是图像中灰度级为第 k 级所对应的像素个数，设 n 表示这幅图像中的所有像素的总数。

不同分辨率的同一图像像素数量不同，为了排除图像像素数量的影响，直方图的纵轴通常采用频率（频率的值介于 0 和 1 之间），而非像素个数。对直方图纵轴进行归一化处理，可以得到：

$$P(r_k) = \frac{n_k}{n}, (k = 0, 1, 2, \cdots, L-1)$$

简单来看，$P(r_k)$ 的值介于 0 和 1 之间，实际上 $P(r_k)$ 代表灰度级为 r_k 的像素个数占总的像素个数的比例。显然：

$$\sum_{k=0}^{L-1} P(r_k) = 1$$

颜色直方图是图像处理的基础，它表征了一张图像的灰度分布。图 1-2-14 中展示了花粉图像四种不同状态下对应的颜色直方图分布情况。

其中，暗图像的直方图分布大部分集中在灰度级低的一侧；亮图像的直方图分布大部分集中在灰度级高的一侧。低对比度图像的直方图分布在一个很小的区间；高对比度图像的直方图分布在一个很大的范围。由此可知，如果一张图像的直方图在整个灰度范围内分布得比较均匀，那么该图像有一个良好的对比度和亮度，细节更加容易分辨。

对于一张灰度分布不够均匀的图像，该如何处理使得它的分布更均衡呢？此时需要确定一种变换函数，使得其对原图进行变换后得到的新图像满足上

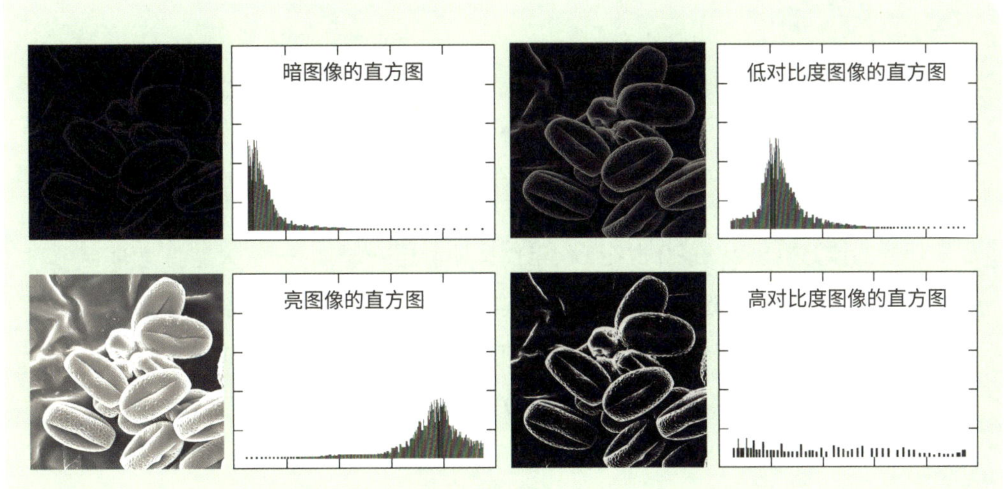

图 1-2-14　不同图像对应的颜色直方图分布

面所说的直方图的分布要求。这就是直方图均衡要完成的事情。

变量 r 表示原始图像的灰度级，且 r 已经被归一化到[0, 1]区间。假设存在一个变换函数：$s=T(r)$，s 表示变换后的灰度值，$T(\cdot)$表示变换关系。$T(\cdot)$需要满足两点性质：一是 $T(\cdot)$要在[0, 1]区间是单值函数并且单调递增，二是 T 的值域同样为[0, 1]。$T(\cdot)$在[0, 1]区间上单值是为了保障进行图像复原时，反变换函数存在；$T(\cdot)$单调递增是为了保障变换后的图像和原图像之间具有保序性，防止输出的图像黑白颠倒；$T(\cdot)$值域在[0, 1]之间，是为了保障输入和输出在同一个范围内变换，方便比较。

$s=T(r)$ 的具体函数解析式，如下：

$$P(r_k)=\frac{n_k}{n},\ k=(0,\ 1,\ 2,\ \cdots,\ L-1)$$

$$s_k=T(r_k)=\sum_{j=0}^{k}P_r(r_j)=\sum_{j=0}^{k}\frac{n_j}{n},\ k=(0,\ 1,\ 2,\ \cdots,\ L-1)$$

其中，r_k 表示第 k 个灰度级，n_k 表示原始图像中第 k 个灰度级的像素数量，$P(r_k)$ 表示该灰度级的频率，n 表示图像的像素总数，s_k 表示 r_k 变换后的值，r_k 和 s_k 都是归一化到[0, 1]区间的非整数。对于实际灰度范围是 0 到 255 的图，先将所有像素值除以 255 归一化到[0, 1]区间后，按照上式处理，再将结果乘以 255 得到最终结果。

阅读拓展

数字图像处理的应用

数字图像处理伴随着计算机的发展而发展，第一台可以执行图像处理任务的计算机出现在 20 世纪 60 年代早期。这一时期，一些太空探索项目催生了数字图像处理技术。1964 年，美国加利福尼亚的喷气推进实验室尝试利用计算机技术改善空间探测器发回的图像。为了校正航天器上摄像机拍摄图像的畸变，科学家尝试使用计算机处理“徘徊者 7 号”卫星传送的月球图像。

图 1-2-15　卫星拍摄图像处理后的效果

20 世纪 60 年代末，图像处理技术开始应用于医学图像和遥感监测等领域，如图 1-2-16 所示。其中图像处理配合计算机断层技术(CT)，用于获取人体内部器官特征，成为图像处理在医学领域最重要的应用之一。

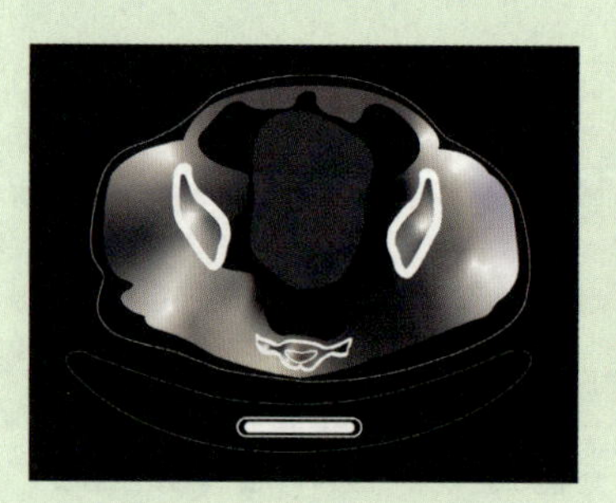

图 1-2-16　盆腔图像和遥感图像

项目实施

设计图像变换方案修复图像

一、项目活动

铭铭为了制作一个充分体现自己风采的海报，认真挑选了一些照片。但是这些照片的效果并不如意，如图 1-2-17 所示。为完成海报，尝试根据照片实际效果设计方案，对照片中的图像进行处理，让图像变得更加清晰。

图 1-2-17　效果欠佳的图像

二、项目检查

1. 各小组设计项目推进方案，对处理前后的图像进行对比展示，并分享图像特点与处理图像的方式。

2. 认真观察其他组分享的图像处理结果，思考有没有更好的变换方式，并分享自己的观点。

练习与提升

1. 现存在一张图像，图像原始效果不够理想，采用图 1－2－18 中的变换函数对图像进行处理后，图像变得更有价值，尝试根据变换函数描述图像的变换效果。

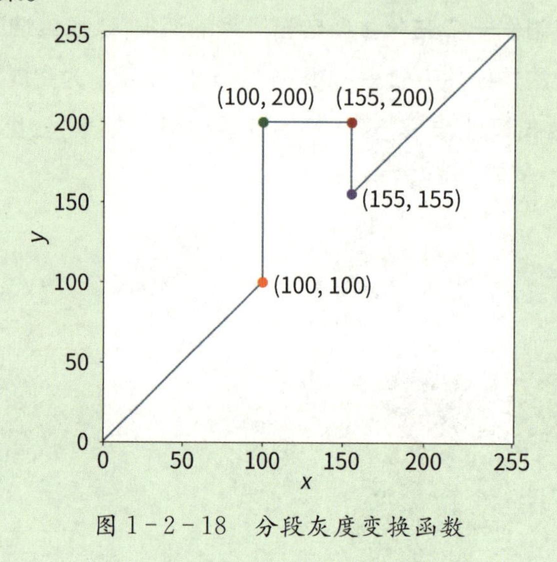

图 1－2－18　分段灰度变换函数

2. 尝试应用图 1－2－18 中的分段变换函数对图 1－2－13 中左图的图像进行变换，并记录变换后的效果。

1.3　图像的卷积

学习目标

- 掌握卷积运算的方法；
- 能够描述利用卷积运算对图像进行平滑处理的原理；
- 掌握设计卷积核提取图像的边缘的方法。

体验与探索

图像中像素间的联系

图像的灰度变换是针对图像的每个像素独立进行的，与周围像素无关。所以灰度变换只能实现对图像的简单处理，比如变亮或者变暗。图像在网络中传输或者由于存储介质的问题，图像可能会出现一些噪点(通常表现为杂乱的雪花点)，如图 1-3-1 所示，这样的情况无法通过灰度变换的原理进行修复。

图 1-3-1　图像中的雪花点

思考　1. 图像在计算机中是以数字的形式存储的，试分析雪花点处的数据与临近像素点数据有什么关系。

2. 试分析如何处理能够消除雪花点。

1.3.1　去除图像中的雪花点

彩色图像色彩较为复杂，为了便于原理的理解，首先以灰度图像为例描述去除图像中雪花点的方法。图 1-3-2 中的左图由于某些原因出现了很多雪花点，也称为噪声点。借助图像像素点间的潜在关系，可以对图像进行处理从而得到右边的图像。

图 1-3-2　图像噪声点与处理效果对比

图像的像素间具有一定的关系，相邻的像素点往往有着相近的灰度值。放大图 1-3-2 中左边的图像，可以发现雪花点处的像素值与周围的像素点的值大小相差较多，雪花点处与周围像素点出现不平滑的跳跃。利用这个特点可以消除图像中的雪花点，使用雪花点周围像素的平均值代替雪花点处的像素值。此时新的像素值将一定程度地削弱像素点间不平滑的跳跃现象。针对图像上所有的像素点进行同样的处理，处理后得到效果类似于图 1-3-2 中右图的图像。应用像素点邻近 3×3 区域内的所有像素平均值代替原像素值的过程，如图 1-3-3 所示。

图中，右侧目标图像中任意一点的像素值等于原始图像该点周围 3×3 区域内所有像素值的均值，也就是图中蓝色点的像素值是其周围 3×3 区域所有像素值之和除以 9。这样就把原始图像中异常点的数值平均掉，这个过程称为均值滤波，均值滤波的计算过程也可以称为卷积运算。

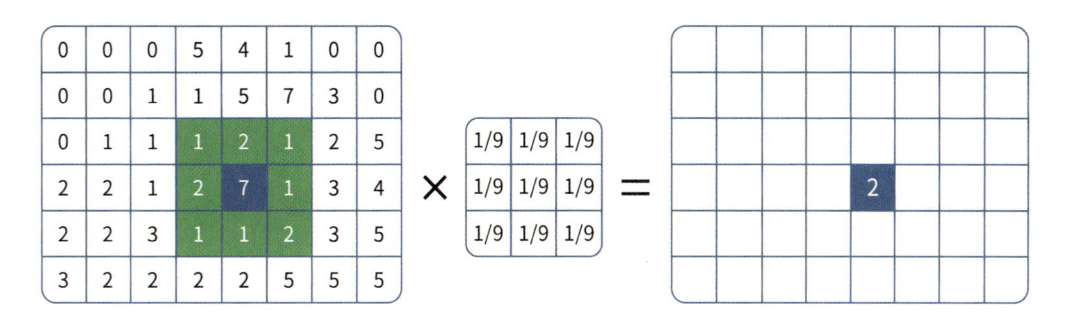

$(1+2+1+2+7+1+1+1+2)/9=2$

图 1－3－3　均值滤波处理过程

1.3.2　卷积运算

卷积运算在图像处理及其他许多领域有着广泛的应用，它与灰度变换的区别是：卷积变换后，图像上每一个像素点的像素值来源于原始图像上以该点为中心的一块区域像素点的像素值。如图 1－3－4 所示，变换后图像绿色块像素点的值是 4，4 来源于原始图像中以该点为中心 3×3 区域内所有像素点像素值的平均值，即 (1＋2＋1＋2＋7＋4＋6＋4＋9)/9。这种特殊的卷积运算，称为均值卷积，卷积运算的效果是滤波。

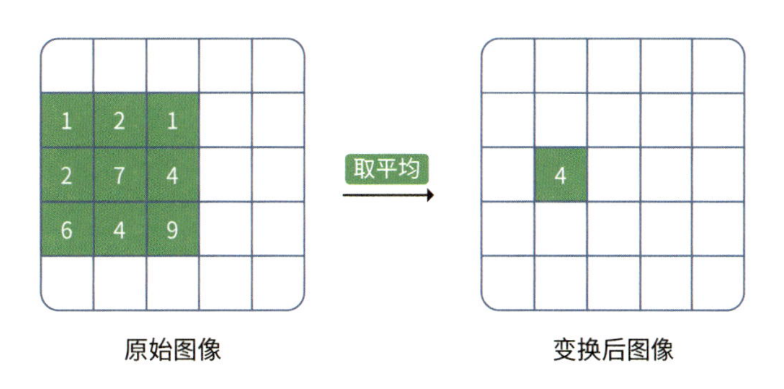

图 1－3－4　区域像素平均变换

均值卷积是一类特殊的卷积运算，那么如何进行卷积运算呢？以灰度图为例，一幅灰度图像可以数字化表示为一个整数的矩阵。卷积运算就是用一个形状较小的矩阵与图像矩阵进行的运算。学习矩阵的卷积运算前，首先需要知道两个矩阵的内积运算。矩阵的内积运算，即矩阵每个对应位置的数字相乘之后再求和，具体过程如图 1－3－5 所示。

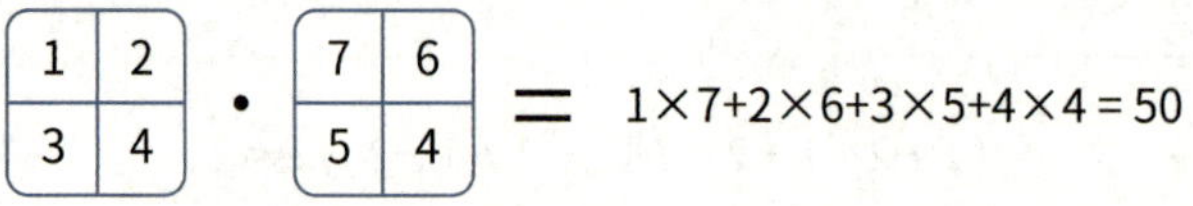

$$\begin{bmatrix}1&2\\3&4\end{bmatrix} \cdot \begin{bmatrix}7&6\\5&4\end{bmatrix} = 1\times7+2\times6+3\times5+4\times4=50$$

图 1－3－5　矩阵的内积运算

现有大小不同的两个矩阵，将大矩阵与小矩阵的左上角对齐，然后沿着先横向移动后纵向移动的顺序进行矩阵的内积运算，通过运算能够得到一个新的矩阵，具体过程如图 1－3－6 所示。

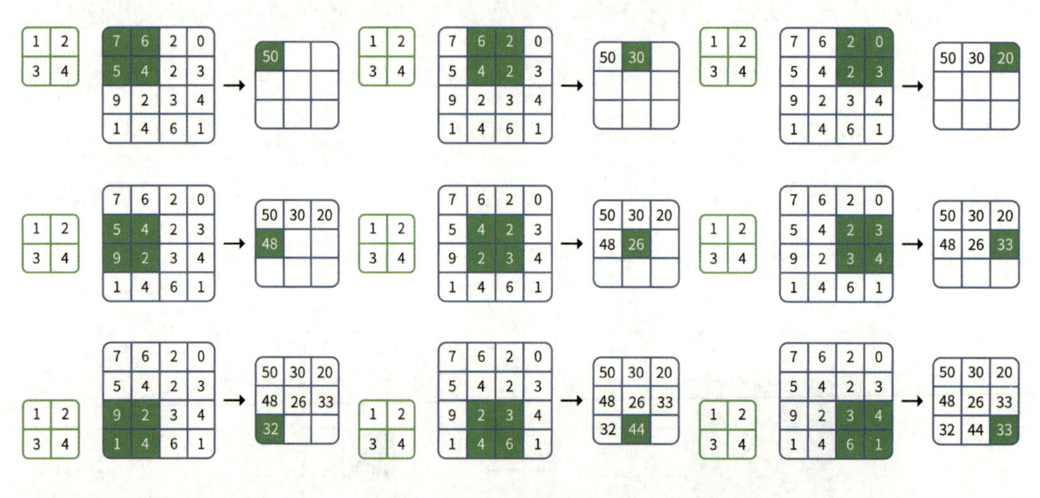

图 1－3－6　矩阵的卷积运算

图中的小矩阵称为卷积核。核也可以看成是对一个大矩阵中的一个小区域进行的函数操作。卷积核具有局部性，即它只关注局部特征，局部的程度取决于卷积核的大小，例如图 1－3－6 中的卷积核是 2 × 2 的。

阅读拓展

彩色图像的卷积运算

对于灰度图像而言，灰度图像的卷积运算过程如图 1-3-6 所示，其中的大矩阵为灰度图像各像素点构成的矩阵。彩色图像由 RGB 三个通道组成，彩色图像的卷积运算过程如图 1-3-7 所示，由图可知不同通道对应的卷积核不一定相同。

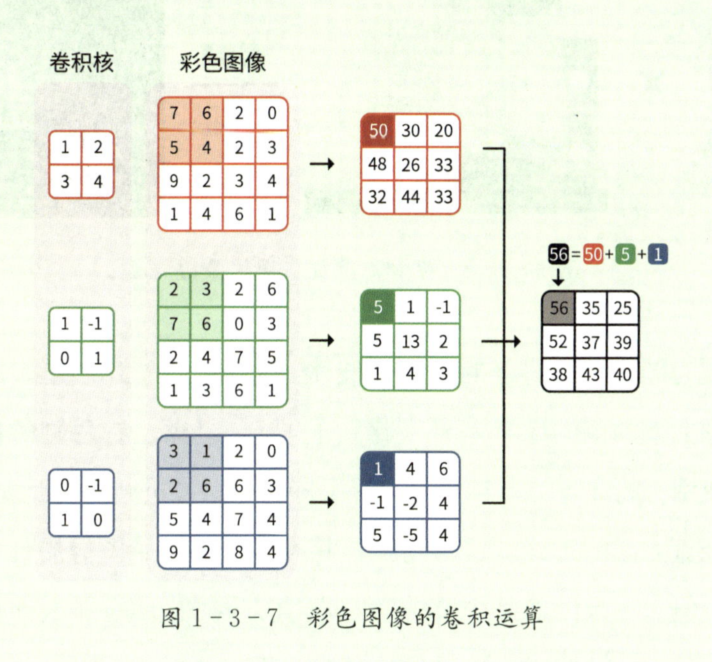

图 1-3-7　彩色图像的卷积运算

1.3.3　巧妙地设计卷积核

卷积核与原始图像矩阵进行卷积运算后，得到一个新的矩阵，这个新的矩阵可以看作卷积运算后得到的新图像。原始图像与新图像的关系与卷积核有关。

特定的卷积核与原始图像进行卷积运算后，会实现特定的变换。比如，原始图像与均值卷积核经过卷积运算后得到了新图像，新图像某个点的像素值为原始图像该点附近所有点像素值的平均值，假如原始图像具备雪花噪点，均值卷积运算后，噪点就消失了。此外还有一个特殊的卷积核：边缘卷积核。边缘卷积核与原始图像通过卷积运算后可以提取原始图像中物体的边缘。如图 1-3-8 所示，原始图像与某个卷积核进行卷积运算之后，原始图像中物体的竖向边缘被提取出来放到了新生成的图像中。

图 1-3-8　卷积运算提取图像竖向边缘

这是因为图像中非边缘的平坦区域，图像像素值的变化比较小，而图像中的横向边缘上下两侧的像素差异变化明显，竖向边缘左右两侧的像素也有较大差别。使用三行 1，0，－1 组成的卷积核与原图像进行卷积运算，可以从图像中提取竖直方向的边缘。这个卷积核相当于计算原始图像局部区域的左右像素值的差值。如果图像某个部分存在竖直方向的边缘，那么计算得到的结果的绝对值就大，否则就很小。同理，使用三列 1，0，－1 组成的卷积核与原图像进行卷积运算，可以从图像中提取水平方向的边缘，如图 1-3-9 所示。

图 1-3-9　卷积运算提取图像横向边缘

实践活动

提取图像边缘

尝试设计一个卷积核，编写程序提取图像的所有边缘，并翻转图像的像素值（将黑换为白）获取图像的素描效果。

项目实施

根据需求设计卷积核处理图像

一、项目活动

根据图像实际情况及海报制作需求，设计卷积核，对图像进行处理，完成如下任务：

1. 修复存在噪声的图像；
2. 根据修复的图像生成素描效果的图像，为制作海报做准备。

二、项目检查

1. 各小组将处理的图像进行对比展示，并与同学们交流分享卷积核的设计原理。

2. 认真思考其他组分享的结果，思考有没有更好的变换方式，并分享自己的观点。

练习与提升

1. 针对图 1-3-10 中的矩阵进行 5×5 范围的均值卷积计算，写出卷积核与卷积后的计算结果。
2. 图 1-3-11 中左侧为图像矩阵，右侧为卷积核，尝试完成两个矩阵的卷积运算，并将结果写出来，观察卷积运算后的效果。

0	0	0	5	4	1	0	0
0	0	1	1	5	7	3	0
0	1	1	1	2	1	2	5
2	2	1	2	7	1	3	4
2	2	3	1	1	2	3	5
3	2	2	2	2	5	5	5

图 1-3-10　图像矩阵

0	0	0	0	0	0	0	0	0	0	0	0
0	0	0	0	0	255	255	0	0	0	0	0
0	0	0	0	255	255	255	0	0	0	0	0
0	0	0	255	255	255	255	0	0	0	0	0
0	0	0	0	0	255	255	0	0	0	0	0
0	0	0	0	0	255	255	0	0	0	0	0
0	0	0	0	0	255	255	0	0	0	0	0
0	0	0	0	0	255	255	0	0	0	0	0
0	0	0	0	0	255	255	0	0	0	0	0
0	0	0	0	0	255	255	0	0	0	0	0
0	0	0	255	255	255	255	255	255	0	0	0
0	0	0	0	0	0	0	0	0	0	0	0

-1	-1	-1
-1	8	-1
-1	-1	-1

图 1-3-11　图像矩阵与卷积核

1.4　图像的几何变换

学习目标

- 了解图像几何变换的原理；
- 能够应用几何变换解决具体问题；
- 了解双线性插值的原理。

体验与探索

改变图像的形状

铭铭挑选了如图 1-4-1 所示的海报模板制作个人展示的海报。经过精心处理挑选，铭铭准备了 3 张照片，并根据海报中空白区域的尺寸对照片进行了缩放。下一步铭铭准备将照片添加到海报模板的固定区域，此时铭铭发现，海报模板中用于添加照片的区域不全是标准的矩形。经过比对研究，铭铭发现，海报模板添加照片的区域有的是水平摆放的矩形，有的是旋转了一定角度的矩形，还有一些是不标准的四边形。为了完成海报，需要对图像进行进一步处理。

图 1-4-1 海报模板

思考 1. 发挥你的想象力，如何将一张矩形图像变换为不标准的四边形；

2. 图像转变为不标准四边形后，图像内容会发生什么变化。

1.4.1 简单的几何变换

图像是由多个像素规则排列而成的，针对图像变换有两种，一种是对像素点的值进行变换，比如像素点 A 的值是 10，通过某种变换将其变为 20；另一种是对像素之间的排列关系进行变换，比如原本 A 像素在 B 像素左侧，通过变换将 A 像素置于 B 像素右侧。上述两种变换分别对应图像的灰度变换和图像的几何变换。常见的几何变换有平移变换、翻转变换、旋转变换、仿射变换、透视变换，图 1-4-2 展示了原图与几何变换后新图的对比情况。

图 1-4-2　常见图像几何变换效果示意图

图像平移是指将图像内的所有像素往相同方向移动相同距离，平移会将原本图像的一部分移出画布外，同时新露出的部分由于没有像素填补会呈现黑色。

阅读拓展

图像平移的原理

将图像的左上角定义为坐标原点，以向右为 x 轴方向，向下为 y 轴方向，建立一个平面直角坐标系。对于原始图像中的任意一个像素点，可以使用 (x, y) 表示，像素的像素值可以使用函数 f(x, y) 表示。对于灰度图像而言 f(x, y) 是一个 0~255 的数值，对于彩色图像而言 f(x, y) 是一个由 3 个 0~255 的数值组成的数组。

原始图像中任意一点坐标为 (x_0, y_0)，平移变换后对应点的坐标为 (x_1, y_1)，如果平移变换的平移量为 $(\Delta x, \Delta y)$，则 $(x_1, y_1) = (x_0 + \Delta x, y_0 + \Delta y)$，如图 1-4-3 所示。

图 1-4-3　图像平移

图像翻转是指将图像沿中轴线进行翻转的操作，当中轴线是竖直中轴线时，翻转为左右翻转，所得结果与原图左右对称；当中轴线为水平中轴线时，翻转为上下翻转，所得结果与原图上下对称。图像翻转不会将图像的某一部分移出画布，也就不会引入黑色区域。

阅读拓展

图像翻转的原理

使用 (x, y) 可以表示图像中任意一个像素点的空间位置，使用函数 $f(x, y)$ 可以表示像素点的像素值。对于原始图像中任意一点坐标为 (x_0, y_0)，翻转变换后对应点的坐标为 (x_1, y_1)，假设原始图像的宽度（即列数）为 width，原始图像的高度（即行数）为 height。对于左右翻转变换来说，则 $(x_1, y_1) = (width - x_0, y_0)$，如图 1－4－4 所示。

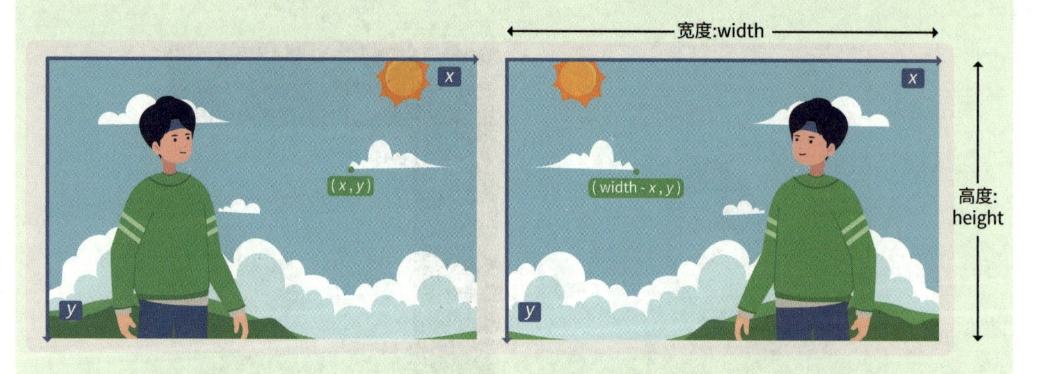

图 1－4－4　图像翻转

左图中的红线是实现图像左右翻转的竖直中轴线。同理，对于上下翻转变换来说，则 $(x_1, y_1) = (x_0, height - y_0)$。

图像旋转是指以图像中的某个点为中心旋转特定角度，该点可以是图像内的任意一点，通常选取图像的中心点作为旋转点，旋转效果如图 1－4－5 所示。旋转操作同样会将一部分图像移出画布，新的显露区域呈现黑色。

图像仿射变换是多种简单几何变换的叠加，较为复杂，此处不做深入探

图 1-4-5　图像旋转

讨，只需要知道，矩形图像经过仿射变化后得到的图像是平行四边形，不可能是一个不规则的四边形。图像仿射变换后的结果，如图 1-4-6 所示。

图 1-4-6　图像仿射

那么如何对图像进行几何变换,使得图像的形状变为不规则的四边形呢?图像的透视变换可以实现这个效果,图像透视的原理较为复杂,此处不深入介绍。简单来说,指定图像中任意四个点的变换映射关系,即可完成图像的透视变换。如图 1-4-7 所示,变换的 4 组对应点为 $A(0,0)\to A'(40,0)$, $B(0,750)\to B'(0,700)$, $C(400,0)\to C'(350,50)$, $D(500,850)\to D'(400,600)$。

图 1-4-7 图像透视

思考活动

简单几何变换的意义

简单几何变换可以改变原始图像各个像素点之间像素值的排列关系。生活中经常出现一些拍得不太正的图像,如图 1-4-8 所示。

思考 采用什么样的几何变换,能够将图 1-4-8 中的塔调正。

图 1-4-8　拍歪了的塔

*1.4.2　图像插值

假设，通过几何变换将一张图像围绕图像中心顺时针旋转 45 度，然后以新图像中心为原点，水平向左为 x 轴正方向，垂直向下为 y 轴正方向建立平面直角坐标系。那么原始图像上哪个点会旋转到新图像坐标(2，0)位置呢？如图 1-4-9 所示，通过简单的三角函数计算，可以发现原图中坐标为 $(\sqrt{2}, \sqrt{2})$ 点旋转到了(2，0)点。

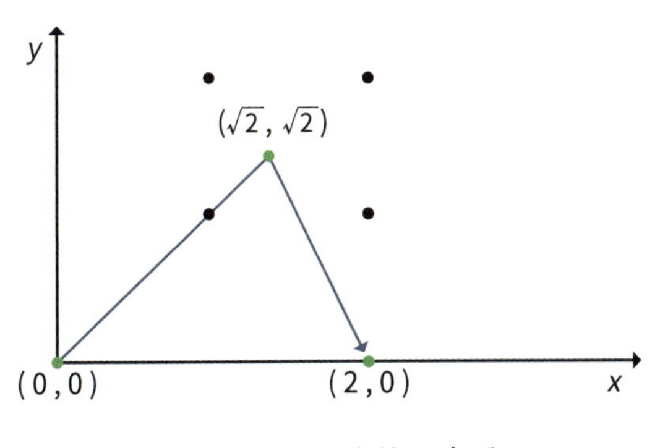

图 1-4-9　旋转示意图

因此，图像旋转变换后需要在(2，0)处填入原图($\sqrt{2}$，$\sqrt{2}$)处的灰度值。图像是由离散的像素点构成的，整数格点上的像素值可以轻易获得，比如(3，4)处的点；然而($\sqrt{2}$，$\sqrt{2}$)是一个非整数点，它的像素值无法直接获得。类似这样的非整数点的像素值无法直接获得。由图1-4-9可知，($\sqrt{2}$，$\sqrt{2}$)点被4个整数格点（如图中黑色点）所包围。借助这4个点可以估计($\sqrt{2}$，$\sqrt{2}$)处的像素值。相应获得像素值的算法是双线性插值算法。双线性插值适用于计算二维情况下非整数格点的灰度值。

学习双线性插值前，先了解一维情况下的线性插值。如图1-4-10所示，已知数据点$Q_1(x_1, y_1)$，$Q_2(x_2, y_2)$，求任意$x \in [x_1, x_2]$处的函数值$f(x)$。

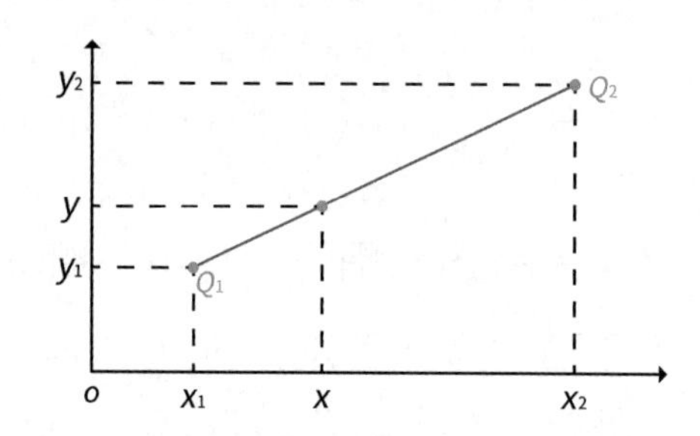

图1-4-10　一维情况下线性插值计算

函数$f(x)$为线性插值函数，是关于x的线性函数。由已知数据点Q_1、Q_2可以确定函数$f(x)$的斜率和截距，从而可以求得x处取值为

$$y=f(x)=\frac{x_2-x}{x_2-x_1}y_1+\frac{x-x_1}{x_2-x_1}y_2$$

更复杂的情况，如图1-4-11所示，已知数据点$Q_{11}(x_1, y_1)$，$Q_{12}(x_1, y_2)$，$Q_{21}(x_2, y_1)$，$Q_{22}(x_2, y_2)$，求解位于中间的P点的函数值。

可以分别在x和y方向上做线性插值，这就是双线性插值中“双”的含义。给定二维函数$f(x, y)$在Q_{11}，Q_{21}，Q_{12}和Q_{22}处的值，对于四个点构

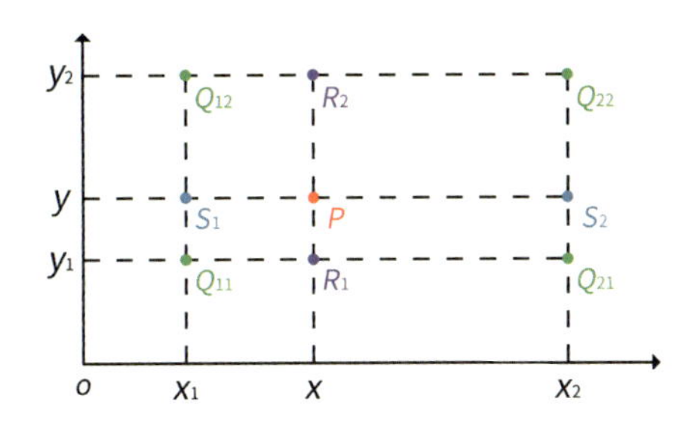

图 1-4-11　二维情况下线性插值计算

成的矩形区域内的任意一点 $P(x, y)$，利用双线性插值可以得到该点对应的函数值 $f(x, y)$。

首先，利用线性插值根据 Q_{11} 和 Q_{21} 的函数值，求得 R_1 的函数值，即

$$f(R_1)=f(x, y_1)=\frac{x_2-x}{x_2-x_1}f(x_1, y_1)+\frac{x-x_1}{x_2-x_1}f(x_2, y_1)$$

同理，利用线性插值根据 Q_{12} 和 Q_{22} 的函数值，求得 R_2 的函数值，即

$$f(R_2)=f(x, y_2)=\frac{x_2-x}{x_2-x_1}f(x_1, y_2)+\frac{x-x_1}{x_2-x_1}f(x_2, y_2)$$

然后，利用线性插值根据 R_1 和 R_2 的函数值，求得 P 点函数值，即

$$f(P)=f(x, y)=\frac{y_2-y}{y_2-y_1}f(R_1)+\frac{y-y_1}{y_2-y_1}f(R_2)$$

最后，将 $f(R_1)$和 $f(R_2)$的值代入上式，最终可得：

$$\begin{aligned}
f(P)&=f(x, y)\\
&=\frac{y_2-y}{y_2-y_1}\left[\frac{x_2-x}{x_2-x_1}f(x_1, y_1)+\frac{x-x_1}{x_2-x_1}f(x_2, y_1)\right]\\
&\quad+\frac{y-y_1}{y_2-y_1}\left[\frac{x_2-x}{x_2-x_1}f(x_1, y_2)+\frac{x-x_1}{x_2-x_1}f(x_2, y_2)\right]\\
&=\frac{1}{(x_2-x_1)(y_2-y_1)}[(y_2-y)(x_2-x)f(x_1, y_1)
\end{aligned}$$

$$+(y_2-y)(x-x_1)f(x_2, y_1)+(y-y_1)(x_2-x)f(x_1, y_2)+(y-y_1)(x-x_1)f(x_2, y_2)]$$

同理,也可先在 y 方向插值求得 $f(S_1)$ 和 $f(S_2)$,再插值求得 $f(P)$。在图像处理中,通常 Q_{11}, Q_{21}, Q_{12} 和 Q_{22} 是相邻的 4 个整数格点,所以有

$$y_2-y_1=x_2-x_1=1$$

上式可以简化为:

$$\begin{aligned} f(P)&=f(x, y)\\ &=(y_2-y)(x_2-x)f(x_1, y_1)+(y_2-y)(x-x_1)f(x_2, y_1)\\ &\quad+(y-y_1)(x_2-x)f(x_1, y_2)+(y-y_1)(x-x_1)f(x_2, y_2) \end{aligned}$$

利用双线性插值,可以实现图像扭曲的效果,如图 1-4-12 所示,左图是未经扭曲的原始图像,右图是扭曲后的图像。

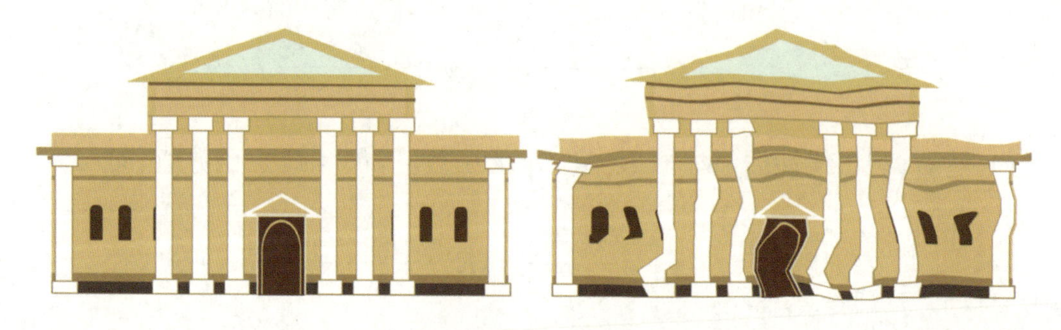

图 1-4-12 原图与扭曲效果对比

其扭曲的原理如图 1-4-13 所示,其中图 1-4-13(a)为原始图像,图像中存在等间距分布的一系列锚点,即图 1-4-13(a)中的红点。对分布在图像中间的锚点(边界除外)做一个微小的随机扰动,使得其位置偏离初始位置,如图 1-4-13(b)中的红点所示。扰动的过程中,认为锚点与图像是分离的,即只有锚点发生了移动,图像本身不产生变化。下一步,将扰动后的锚点拉回至初始位置,此时锚点与图像是黏在一起的,拉回的过程中图像

便发生了扭曲，如图 1－4－13(c)所示。

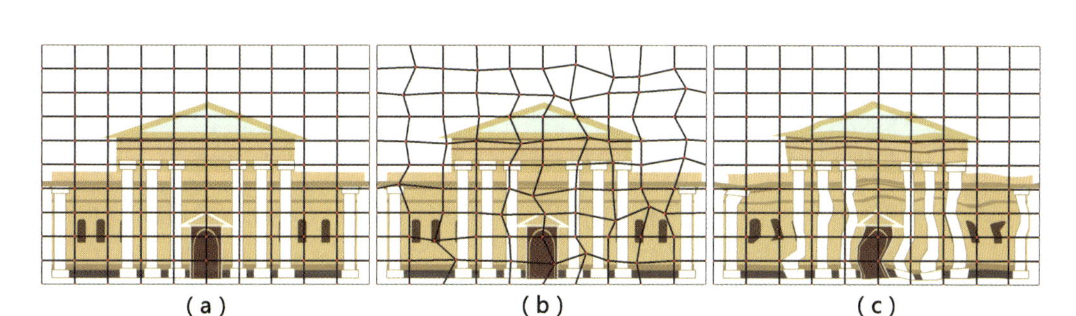

图 1－4－13　扭曲原理图

在上述过程中，由于图像扭曲不是全局一致的，即不同区域有着不同的像素移动，因此实现图像扭曲时是分块逐个计算的。具体来说整张图像被锚点分成了若干相邻的四边形，每个四边形又可以进一步被对角线分成两个三角形，下面以每个四边形左上、左下、右下锚点构成的三角形为例介绍变换过程，另外的右上三角形原理是一致的。

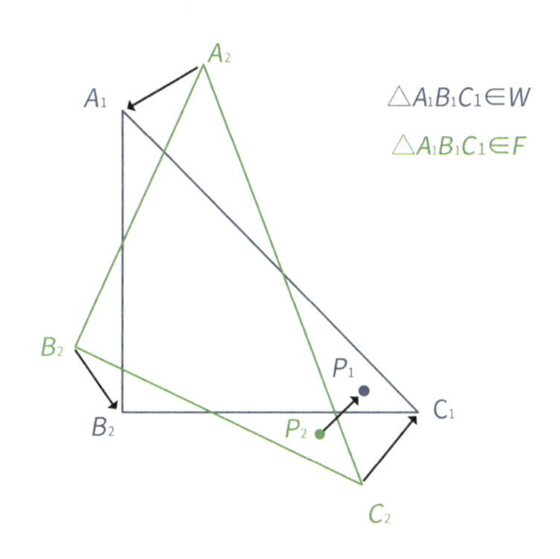

图 1－4－14　原始图像 F 与扭曲图像 W 示意图

设原始图像为 F，扭曲后的图像为 W，如图 1－4－14 所示。假设，原始图像 F 上 3 个锚点 A_2，B_2，C_2 被拉至扭曲图像 W 上 3 个锚点 A_1，B_1 和 C_1。

目标是确定W上每个整数格点的灰度值，对于三角形$A_1B_1C_1$内的任意一点P_1，需要找到原始图像F与P_1相对应的点，即图中的P_2。平面上任意两个三角形都可以通过仿射变换互相转换，并且两个三角形上的点有着一一对应的关系，这个仿射变换关系可以通过两个三角形顶点的位置关系计算得到。计算过程涉及齐次坐标、矩阵和仿射变换，在此不作深入探讨，感兴趣的同学可以参阅有关资料。简单来讲，扭曲图像上任意一点P_1，可以找到原始图像F上P_1的对应点P_2。P_2通常情况下不是整数点(没有属于自己的像素值)，需要借助双线性插值计算其像素值，并将该值赋给扭曲图像上的P_1点。对图像上所有相邻锚点构成的三角形重复这个过程，便可得到扭曲图像。

实践活动

图像扭曲实践

对于图 1-4-15 中的图像，假定可移动的锚点为图像右下方的红点。已知图像宽度和高度分别是 800 和 600，中央锚点的坐标为 x= 600, y= 450。尝试编写程序将该锚点拉至中心位置 x= 400, y= 300，并生成变换后的扭曲图像。

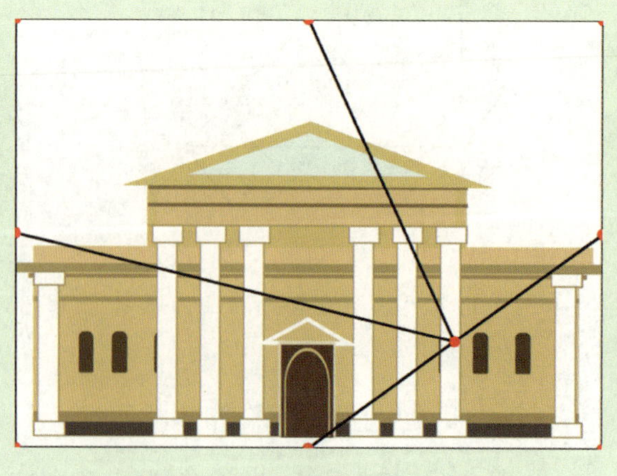

图 1-4-15　图像扭曲示意图

项目实施

制作海报

一、项目活动

将海报模板作为底图，将挑选好照片的像素密度（即每英寸所拥有的像素数量）调至与海报空白位置的像素密度一致。尝试编写程序，根据海报中空白位置的信息，完成如下操作，生成海报：

1. 针对海报模板与挑选的照片设计图像处理策略；
2. 根据策略处理图像，完成海报的制作。

二、项目检查

1. 各小组展示原始图像和处理后生成的海报，并分享处理图像的策略；
2. 学习其他组的分享，尝试更多的变换方式，制作效果更好的海报。

练习与提升

1. 已知某张图像 A，由于某种需求需要对图像 A 进行平移、旋转等一系列几何变换。已知图像 A 中某个像素点 (x, y)，尝试计算图像 A 向右平移距离 10，向下平移距离 20；然后以图像中心为中心旋转 -30° 后，该像素点在新图像中的坐标 (u, v) 与原坐标 (x, y) 之间的关系。
2. 现有一个二元函数 $f(x, y)$，已知：

$$f(10, 10)=5,\ f(10, 20)=7$$
$$f(20, 10)=8,\ f(20, 20)=12$$

利用双线性插值算法，计算 $f(14, 17)$。

*1.5　图像的分割

学习目标

- 了解图像分割的原理；
- 了解常用的图像分割办法。

体验与探索

图像中的不同区域

通过前面的学习，铭铭已经可以对图像做一些基本的变换处理了，比如调整图像的对比度，去除图像的噪点，对图像进行扭曲等。利用这些技术，铭铭完成了海报制作。但是铭铭仍有不满意的地方，铭铭发现挑选的某些图像中，可能图像中人很漂亮，但是背景却不理想；而有的图像背景优美，人物却没有睁开眼睛。如果通过图像处理将一张图中的部分抠出来，放到另一张图就可以解决拍摄中留下的遗憾。抠图的效果，如图 1－5－1 所示。

图 1－5－1　抠图置换背景

思考　1. 试分析如何才能把人物在图像中抠出来呢。

2. 如何才能把抠出来的人物搬到新的背景上去呢。

* 1.5.1　感兴趣区域和连通域概念

对于一幅图像来说，图像中包含多个不同的部分，如何描述图像的不同部分呢？感兴趣的区域和连通域常用于区分图像中的不同部分。处理图像时，处理者常常对图像中某个特定区域感兴趣，比如对图 1－5－1 中的人物感兴趣。类似这种感兴趣的区域常称为感兴趣区域。

连通区域一般是指图像中具有相同像素值且位置相邻的像素点组成的图像区域。连通域中的任意两个点可以通过一条在连通域中的线连接起来。如图 1－5－2 所示，图中的 A、B 两个点可以通过一条线连接起来。

图 1－5－2　图像中的连通域

实践活动

指出图像中的连通域

现有一张图，如图 1－5－3 所示，请观察图像，指出哪些部分是你感兴趣的区域，哪些是连通域。

图 1-5-3　指出图像中的连通域

设定感兴趣区域后，可以针对该区域进行整体操作。如图 1-5-4 所示，将感兴趣区域 A 复制到另外一个区域 B。

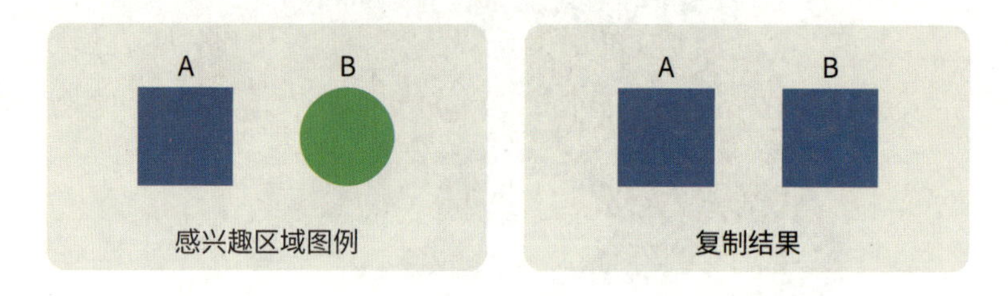

图 1-5-4　感兴趣区域的处理示意图

* 1.5.2　图像分割概述

假设图 1-5-5 中的椅子是感兴趣区域，感兴趣区域包含多个连通域，即多把椅子所在的区域。为了获得连通域，首先需要对图像进行分割。图像分割指的是按照一定的规则将数字图像中感兴趣区域分成一个或多个连通域的过程。

数字图像分块后，每一块都是一个连通域。图像分割的目的是简化或改变图像的表示形式，使得图像更容易理解和分析。图像分割通常用于定位图像中的物体和边缘。更具体地说，图像分割是对图像中的每个像素加

图 1-5-5　图像分割示意图

标签的过程，该过程使得具有相同标签的像素具有某种共同视觉特性。图像分割的结果是图像上所有的分块，它们加在一起覆盖了整个图像。

对图像进行分割后，可以将感兴趣的区域抠出来，并贴到另外一张图像上去，这个过程如图 1-5-6 所示。

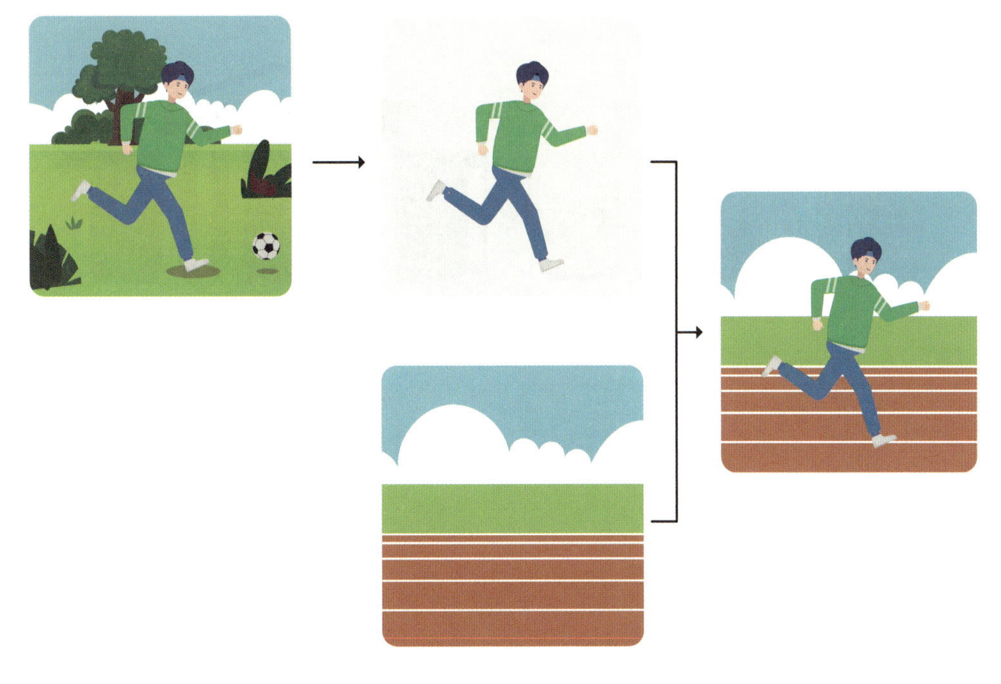

图 1-5-6　图像抠图示意图

常用的图像分割算法有阈值分割算法和边缘检测分割算法。阈值分割算法是根据人为设定的阈值，区分图像中不同灰度值的连通域，如图 1－5－7 所示。

图 1－5－7　阈值分割算法效果图

边缘检测分割算法是指利用物体边缘实现图像分割的方法，如图 1－5－8 所示。物体边缘处的颜色通常是不连续的。

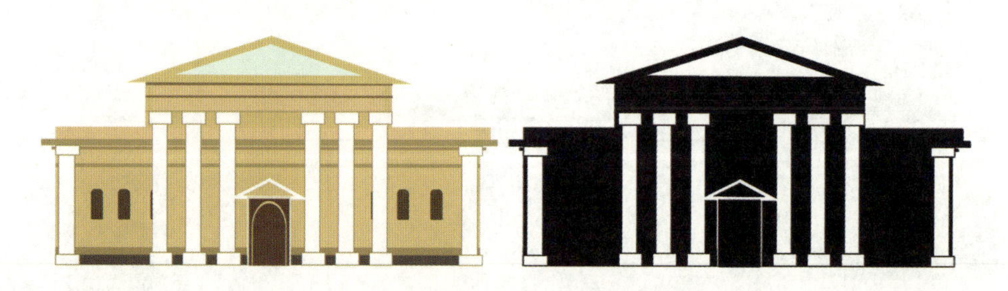

图 1－5－8　边缘检测分割算法效果图

项目实施

分割图像中的足球

一、项目活动

铭铭想给海报添加足球元素，铭铭找到了一张足球照片，如图 1－5－9

所示。尝试编写程序，利用像素的知识对图像进行颜色分割，将橙色足球抠出来添加到海报中。

图 1-5-9　足球照片

二、项目检查

各小组展示原始图像和处理后生成的海报，并分享处理图像的策略。

练习与提升

1. 请同学们指出下图 1-5-10 中有多少个连通区域。

图 1-5-10　找出图像中的连通域

2. 请思考如何根据图像的像素值得到图 1－5－11 中的连通区域。

图 1－5－11 根据像素值寻找连通域

1.6　人工智能小故事

AI 破解汛情“密码”防汛抗洪守护家园

2020 年 7 月 20 日，因淮河干流王家坝段超出保证水位，“淮河第一闸”王家坝开闸泄洪，沃野千里的安徽阜南濛洼蓄洪区瞬间变成一片泽国；7 月 27 日，基于气象预报信息以及水文部门对流域上涨情况进行的预测，安徽合肥蒋口河联圩启动分洪，为巢湖“减负”1 亿立方米，万人安全转移。人工智能遥感影像解译在其中发挥了积极的作用。通过人工智能技术可以智能解译遥感影像，快速实现对水体、建筑、道路、绿地、农田等地物要素的自动提取，并结合地理信息系统，分析其位置、面积及变化情况，从而判断洪灾趋势、评估灾害影响。

以目前的科技水平，我们尚无办法阻止自然灾害发生，但通过一定的科技手段，建立正确、系统的防灾减灾机制，增强系统应急能力，可有效降低灾难发生对人类社会造成的直接和间接损失，为人类生存挣得先机，也为人类居住安全提供保障。以上案例我们看到如今的防汛抗洪工作，得到诸多数字化和智能化技术的加持，使得人们在预警、决策和调度执行方面，比以往更加科学，也更加准确，大大提升了基层防汛的工作效率，改变过去依靠人海战术的被动防汛模式，向数字化智能应急治理模式转变。

总结与评价

1. 下图展示了本章的核心概念与关键能力，请同学们对照图中的内容进行总结。

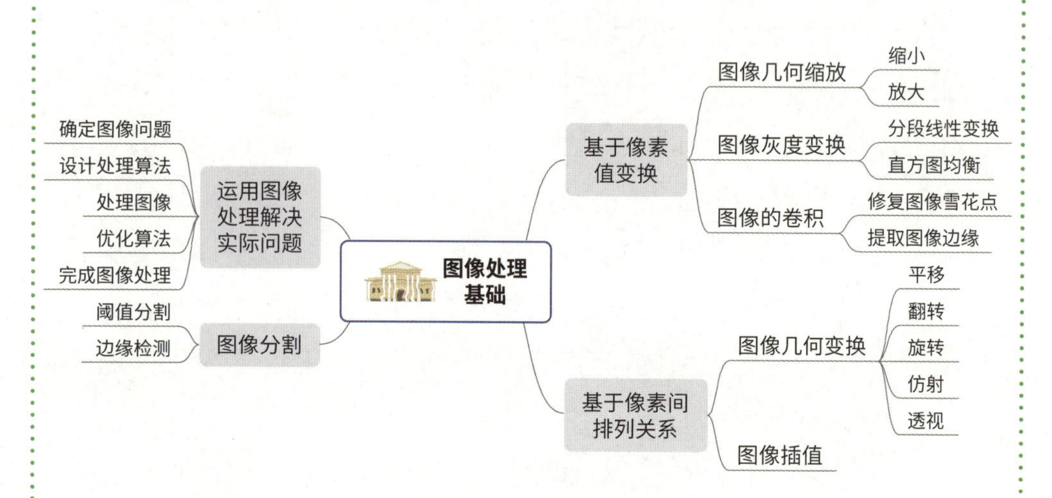

2. 根据自己的掌握情况填写下表。

学习内容	掌握程度
图像的获取过程	□不了解 □了解 □理解
数字图像在计算机中的表示形式	□不了解 □了解 □理解
灰度变换的原理、效果和用途	□不了解 □了解 □理解
卷积的概念	□不了解 □了解 □理解
利用特殊的卷积对图像进行平滑处理	□不了解 □了解 □理解
提取边缘的方法和原理	□不了解 □了解 □理解
几何变换的原理、效果和用途	□不了解 □了解 □理解
感兴趣区域和连通域的概念	□不了解 □了解 □理解
图像分割的常用方法及应用	□不了解 □了解 □理解

第2章 图像理解

识图认物是人类学习成长过程中经历的一个重要阶段，识别图中的内容是人类智慧的一个重要体现。人工智能作为一门研究、开发用于模拟、延伸和扩展人的智能的理论、方法、技术及应用系统的科学，理解图像中的内容并进行自动识别是一个重要的研究方向。随着人工智能技术的发展，目前图像识别应用已经进入到日常生活中，比如植物识别、动物识别、人脸识别等。对于人来说，不同种类的物体具有不同的属性特征，比如玫瑰与牡丹，花的形状相差较大；兔子与猫，耳朵的长短迥异；不同的人鼻梁高低、眼睛大小都各不相同。那么，如何让计算机理解不同物体独有的特征并对它们加以区分呢？

在本章的学习中，我们将以“识别动物分类别”为主题，开展项目活动，探索计算机对图像特征的处理，理解图像识别的基本步骤和具体应用。

主题学习项目：识别动物分类别

项目目标

世界之大，自然界存在着许多稀奇的动物，对动物进行分类，能够帮助人类更快地了解动物信息。本章以“识别动物分类别”为主题开展项目学习，通过对收集动物图像数据集、提取图像特征、根据特征进行分类等步骤，实现对特定动物的自动识别。

1. 围绕项目主题，收集图像数据集，尝试手工设计简单的图像特征。

2. 了解使用方向梯度直方图特征的原理，能够编写程序提取图像的方向梯度直方图特征。

3. 解决项目问题，合理选择分类算法实现对动物图像的分类，并能迁移解决其他图像分类问题。

项目准备

为完成项目需要做如下准备：

- 全班分为若干小组，每组建议 2~3 人，明确组员分工。
- 收集图片并回顾二分类的相关知识。
- 为“识别动物分类别”主题内容的学习准备实验环境。

项目过程

在学习本章内容的同时开展项目活动。为了保证本项目顺利完成，要在以下各阶段检查项目的进度：

1. 小组讨论并制定项目规划，针对项目进行简单的手工特征设计。

2. 采用方向梯度直方图的方法提取图像特征。

3. 选择合适的分类算法，训练得到动物分类模型。

4. 探索图像理解的应用，认识图像理解背后带来的安全伦理问题。

项目总结

完成“识别动物分类别”系列主题任务，各小组提交项目学习成果（包括动物识别分类模型和合理使用图像理解技术的报告等），开展作品交流与评价，体验小组合作、项目学习和知识分享的过程，通过对图像理解的探索，掌握设计和提取图像特征并完成图像分类模型训练的方法，并能够正确应用图像理解技术。

2.1 图像特征

学习目标

- 掌握图像特征的定义；
- 能够根据实际问题设计图像的特征向量；
- 能够根据机器学习基本流程设计研究方案。

体验与探索

如何选择图像特征

铭铭逛动物园的过程中，发现有的动物长得十分相似，难以区分。比如马、驴和骡子等，如图 2-1-1 所示。

驴

骡子

马

图 2-1-1　相似体型的动物

动物管理员告诉铭铭区分马和骡子的方法：马的尾巴能垂到膝盖，而骡子不行；马的鬃毛很长，骡子的相对较短；体型上马比骡子更高大。根据管理员的介绍，铭铭现在能熟练的从尾巴长度、马鬃长度和体型三个方面对马和骡子进行区分。

思考　1. 人类区分不同动物的一般方式是什么？

2. 计算机是否可以模仿人类的辨别方式来区分不同的动物？

2.1.1　图像特征的选择

铭铭在野生动物园拍摄了一组老虎、狮子和棕熊的照片，如图 2－1－2 所示。

图 2－1－2　老虎、狮子和棕熊的照片

为了研究三种动物的生活习性及日常行踪，铭铭打算用初步掌握的机器学习知识训练一个动物分类模型对动物进行识别。通过对机器学习知识的学习，铭铭设计了图 2－1－3 中的方案流程。

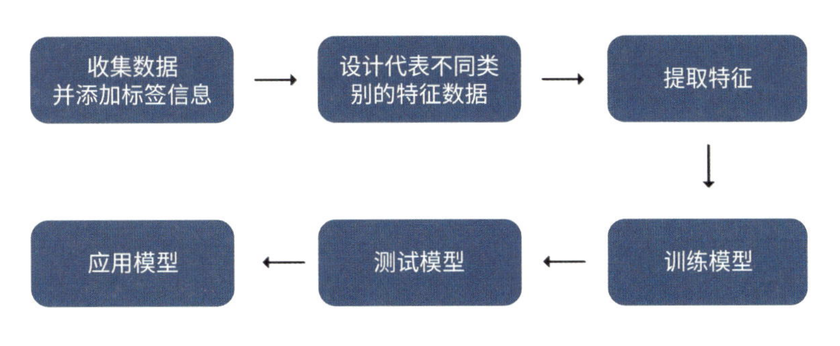

图 2－1－3　铭铭的方案流程

收集老虎、狮子、棕熊的照片后，铭铭总结了三种动物的特征：老虎有黄色的毛、黑色斑纹、尖耳朵；狮子有黄色的毛、没有斑纹、是圆耳朵；棕熊有棕色的毛、没有斑纹、圆耳朵。凭借这三项“特征”，可以将三种动物的照片区分开。

实际上，计算机区分图像类别的方法与人类区分的方法相似，也是靠分辨图像的不同特点进行区分。与人类不同的是，计算机需要将这些特征表示为数据，形成“特征向量”。向量是一串由数字组成的同时具有大小和方向的量。特征向量中的数字代表图像中物体的不同特征，特征向量是图像在计算机中的有效表达，可用于图像分类等任务。例如，将黄色与棕色的毛分别标记为0和1，将黑色斑纹与没有斑纹分别标记为0和1，将尖耳朵与圆耳朵分别标记为0和1，那么可以使用向量（毛发颜色＝0，斑纹＝0，耳朵形状＝0）表示老虎，使用向量（毛发颜色＝0，斑纹＝1，耳朵形状＝1）表示狮子，使用向量（毛发颜色＝1，斑纹＝1，耳朵形状＝1）表示棕熊。通过这种抽象的表示形式，计算机也可以像人类一样轻松地将不同动物的照片进行区别性的理解。

针对不同类型的图像，通常会采取不同的特征和特征提取方法。颜色、纹理和形状是几种常用的简单图像特征。对于老虎、狮子和棕熊等大型动物，在体形上难以区分，所以在选取的特征中排除身体形状这个特征。由此可知，在特征选择时，通常需要选择能够对图像进行有效区分的特征（也被称为有辨别性的特征）。

阅读拓展

图像的统计特征——矩

图像的某些简单特征容易受到光线、噪点、几何形变等因素的干扰。比如，不同的光线下动物的毛色产生些许差别。一个好的图像特征，除了具有辨别性外，还应该具有抗干扰的能力。为此，统计特征常作为区分图像的特征。统计特征是指使用统计量来表征图像的性质。“图像矩”就是一种图像的统计特征，它是通过统计图像的像素值得到的，被广泛应用于数字图像处理中。这里有一个“矩”的概念，其中“一阶矩”是均值，而“二阶矩”是方差。

将一幅图像对应的灰度图看作二维矩阵，用“矩”统计出该灰度图像的特征，从而进行辨别性的表示。“Hu 矩”是一种常用的图像矩，具有平移、灰度、尺度、旋转不变性。

2.1.2　图像特征的重要性

图像由像素构成，为何不直接将像素值视作图像的特征，而是选择一些数据来代表图像的特征呢？一张彩色图像对应的数字化矩阵往往由数万级的数字组成，如图 2－1－4 所示。

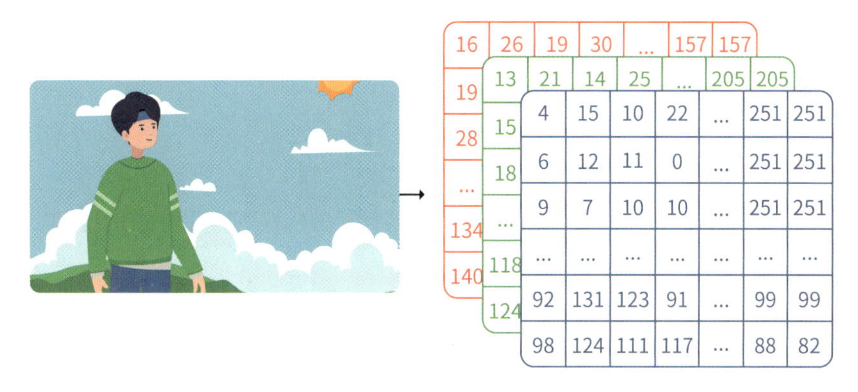

图 2－1－4　彩色图像的像素个数

图中原始图像的分辨率为 1920×1080，由 RGB 3 个通道构成，在计算机中被表示为 1920×1080×3=6220800 个数字。相比之下，图像的特征向量只包含数十/数百量级的数字。当计算机需要批量处理海量的数据时，使用数万级的图像原始像素矩阵作为特征向量是不可取的，不仅影响识别速度，也会干扰识别精度。因此，为了提高识别的效率，同时一定程度上避免原始图像中存在的噪声的干扰通常选择最具辨别性的属性作为图像特征。

实践活动

确定区分不同老虎亚种的特征向量

老虎是哺乳纲的大型猫科动物，目前现存的老虎有多个亚种，其中比较有名的包括东北虎、华南虎、孟加拉虎等。请同学们使用互联网调研这三个亚种的老虎，并根据调研记录，尝试给出能够有效区分三类老虎的有效特征向量。

项目实施

图像特征的手工设计与提取

一、项目活动

围绕“识别动物分类别”，从解决动物分类问题入手，确定研究问题，收集数据集并设计研究方案。根据研究问题，设计不同类别动物的特征，并针对各个种类的动物提取相对应的特征向量。

二、项目检查

提交研究方案，包含研究问题、研究思路、设计的分类特征等，并对特征向量的含义进行阐述。

练习与提升

1. 选择的特征数量对分类结果会有什么影响?
2. 特征的数量和需要区分的类别个数有关系吗?

2.2　特征提取

学习目标

- 了解方向梯度直方图与统计梯度直方图的求解方法及原理；
- 能够编写程序提取图像的方向梯度直方图特征。

体验与探索

计算机如何自动提取图像特征

铭铭根据对图像特征的理解，提取部分类型的图像特征为区分图像类别做准备。常用的图像特征包括颜色特征（比如动物毛发的颜色），形状特征（比如动物的斑纹形状、耳朵的形状）等。准备好数据集之后，铭铭发现，提取每张图像的毛发颜色、斑纹、耳朵形状等特征的工作量巨大。实际上，采用这样的图像特征并不实际。图 2-2-1 中的彩色图像可以表示为 RGB 三个通道的像素矩阵，借助这个信息可以提取图像特征。

图 2-2-1　彩色图像

思考　1. 图像由像素构成，计算机如何理解像素化的图像？试加以说明。

2. 如何根据图像像素数据设计特征向量？

2.2.1 方向梯度直方图特征

图像特征通常可以代表图像中特有的信息，特征向量是对图像的有效表达。因此，挑选图像的哪些信息作为特征向量是实现分类的关键。人工智能研究员在手工设计图像的特征向量时，主要凭借对图像的观察和经验来完成。

确定图像特征时往往选择对图像分类任务有帮助的信息，“有帮助”指的是在分类任务中具有较高的辨识度。例如，在设计特征对动物进行分类的过程中，图像中的背景、动物的姿态等都属于无用信息，而动物的轮廓、斑纹等信息是有利于分类的有用信息。使用图像的全部像素数据作为特征使用时，代入了一些无用信息，因此在传统手工设计特征进行分类模型训练的时代，通常不会将图像全部像素作为图像特征向量。

在图像分类任务中，方向梯度直方图（Histogram of Oriented Gradient，HOG）是一种常用的图像特征。原始图像与图像的方向梯度直方图对比如图 2-2-2 所示。

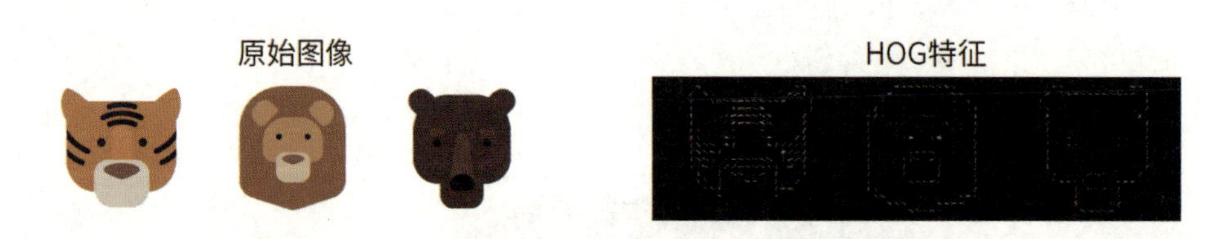

图 2-2-2　原始图像与方向梯度直方图对比

方向梯度直方图通过捕捉图像的梯度，来反映图像的不同局部方向的分布，对图像内的颜色变化的区域、图像的边缘、形态信息较为敏感，常被用于图像识别、图像检测等任务。利用方向梯度直方图作为图像特征不仅可以减少计算量，还可以减轻对单个像素值的敏感性，提升抗噪声干扰的能力。

提取图像的方向梯度直方图特征主要分为两个步骤：计算每个像素点的梯度，根据梯度统计得到直方图（本小节主要阐述第 1 步，第 2 步在下一个小节主讲)。

(1) 计算像素点的梯度

梯度是反应方向性信息的一种度量,梯度可分为水平梯度和垂直梯度。水平梯度等于像素点右侧像素减去左侧像素的数值,垂直梯度等于像素点下侧像素减去上侧像素的数值。如图 2-2-3 所示,像素点 A 的水平梯度为 $g_x=30-20=10$,垂直梯度 $g_y=50-40=10$。

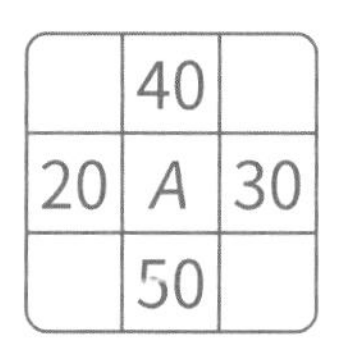

图 2-2-3　图像某像素点 A 周围的像素值

水平梯度 g_x 和垂直梯度 g_y 可以整合为一个总的梯度幅值 g 和梯度方向 θ,计算方式如下。在这里,梯度方向的范围是 0～180 度。

$$g=\sqrt{g_x^2+g_y^2}$$

$$\theta=\arctan\frac{g_y}{g_x}$$

通过计算可以得到一个像素点的梯度,对于整个图像,可以利用卷积运算来计算整个图像的梯度,对应卷积运算的两个一维卷积核,如图 2-2-4 所示。针对图像中的每一个像素点,分别与两个卷积核进行卷积运算,可以得到水平梯度和垂直梯度。

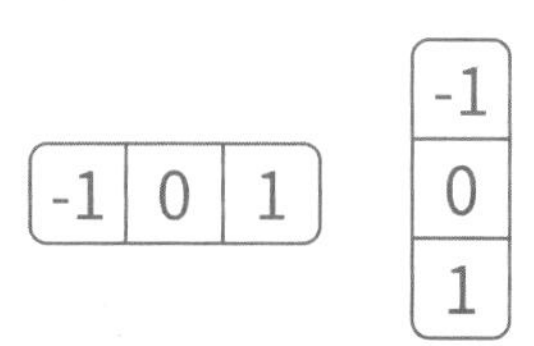

图 2-2-4　计算水平梯度和垂直梯度的卷积核

比如，对于图 2-2-3 中的像素点 A，计算过程如下：

$$g_x=(20\quad A\quad 30)\times(-1\quad 0\quad 1)=-20+30=10$$

$$g_y=\begin{pmatrix}40\\A\\50\end{pmatrix}\times\begin{pmatrix}-1\\0\\1\end{pmatrix}=-40+50=10$$

$$g=\sqrt{g_x^2+g_y^2}=\sqrt{10^2+10^2}=\sqrt{200}=10\sqrt{2}\approx 14.14$$

$$\theta=\arctan\frac{g_y}{g_x}=\arctan\frac{10}{10}=\arctan 1=45^{\circ}$$

（2）计算所有像素点的梯度

图像与上述两个卷积核进行卷积运算，可以快速得到整张图像每个像素点对应的水平梯度 g_x 和垂直梯度 g_y，继而可以得到总的梯度幅值 g 和梯度方向 θ，根据梯度幅值和梯度方向可以生成梯度图像。对于图 2-2-2 中的老虎图像与两个卷积核计算可以得到水平梯度图、垂直梯度图、总梯度幅值图、总梯度方向图，如图 2-2-5 所示。

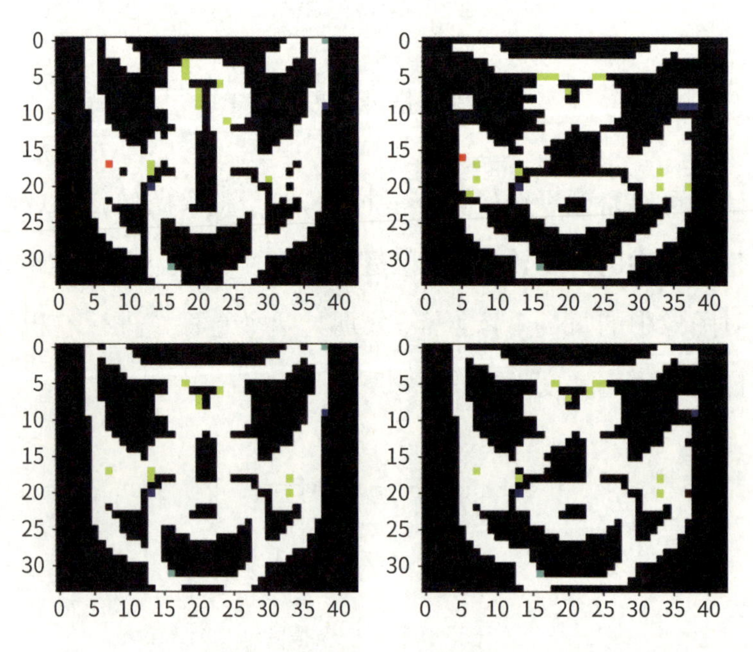

图 2-2-5　水平梯度图、垂直梯度图、总梯度幅值图、总梯度方向图

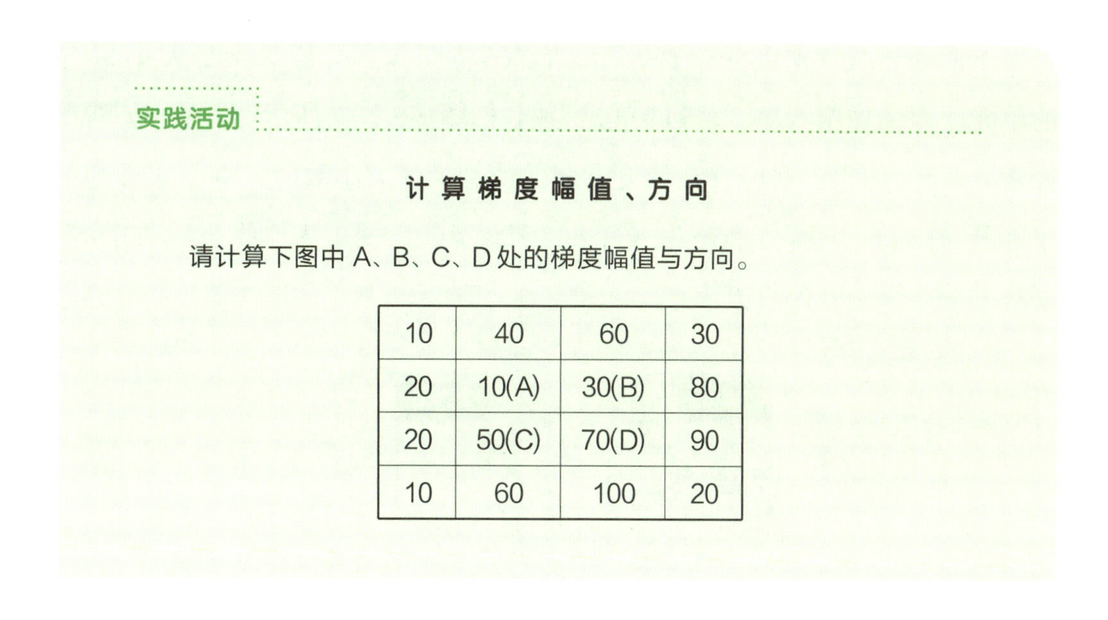

实践活动

计算梯度幅值、方向

请计算下图中 A、B、C、D 处的梯度幅值与方向。

10	40	60	30
20	10(A)	30(B)	80
20	50(C)	70(D)	90
10	60	100	20

通过运算，可以根据一张图像得到一张尺寸相同的梯度幅值图和梯度方向图。

2.2.2　统计梯度直方图

通过上一小节的运算可以得到梯度幅值图和梯度方向图，如图 2－2－6 所示，该图右半部分为图像局部的梯度特性。图中箭头是梯度的方向，长度是梯度的大小，箭头的指向方向代表了像素强度变化方向，幅值代表强度变化的大小。

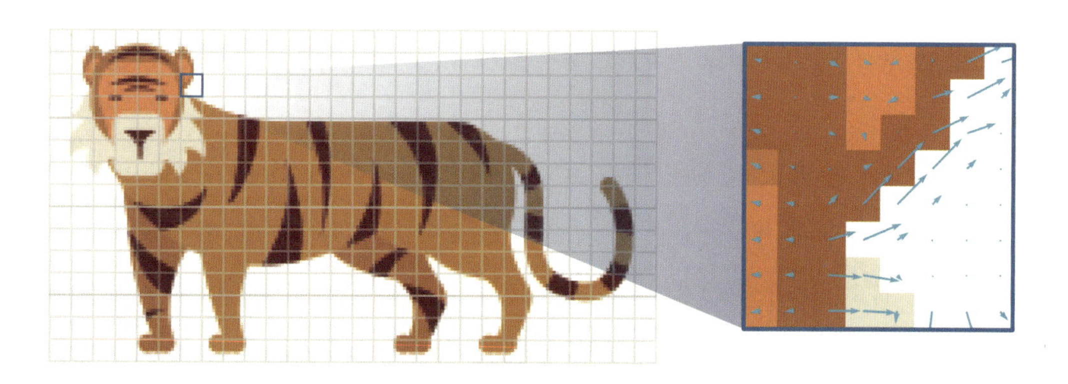

图 2－2－6　图像局部梯度

下面通过统计梯度获得直方图。首先，将图像拆分成若干个大小相同的单元。以图像中一个 3×3 的单元为例，如图 2-2-7 所示，图中共有 9 个像素点，每个像素点对应存在梯度方向数值和梯度大小数值。将 180°分为 5 个部分，称为 5 个仓，分别是 0、40、80、120、160。图中为这些 3×3 的网格创建了一个 5 个仓的直方图。

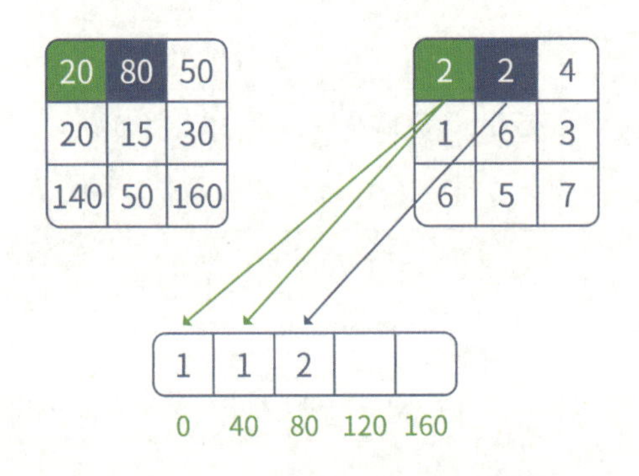

图 2-2-7　9 个像素点的方向梯度直方图

根据“梯度方向”和“梯度大小”中的值，统计得到梯度直方图的过程如下：

（1）根据每个像素点的梯度方向数值与梯度大小数值进行分析统计，将其映射到 5 个仓中。比如，对于第一个像素点，即图中的绿色格子，它的梯度方向是 20，梯度大小是 2，因为方向角度 20 位于 0～40 的正中间，梯度大小一分为二，分别放到 0 与 40 两个仓里面。对于第二个像素点，即图中的蓝色格子，它的梯度方向是 80，梯度大小是 2，因此，80 这个仓里面加 2。

（2）统计全部 9 个点后，根据每个组距得到的数值，可以得到一个直方图，如图 2-2-8 所示，直方图可以表示为一个大小为 5 的向量。通过对梯度的统计，原本 18 个梯度值被浓缩为了一个长度为 5 的向量，大大降低了计算量。以一个单元的统计梯度直方图特征计算为基础，可以得到整个图像的特征。

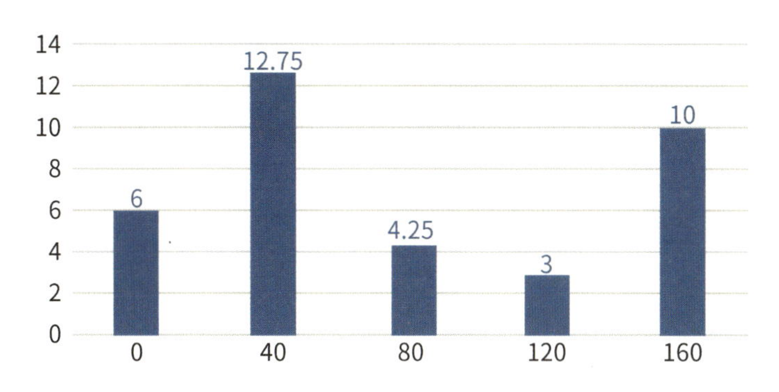

图 2-2-8　9 个像素点的统计梯度直方图

阅读拓展

尺度不变特征变换

尺度不变特征变换算法也是一种经典的图像特征提取算法，常用于图像识别、图像匹配等应用。与方向梯度直方图特征不同的是，使用尺度不变特征变换算法进行图像特征提取前，需要先检测特征点，如图 2-2-9 所示。

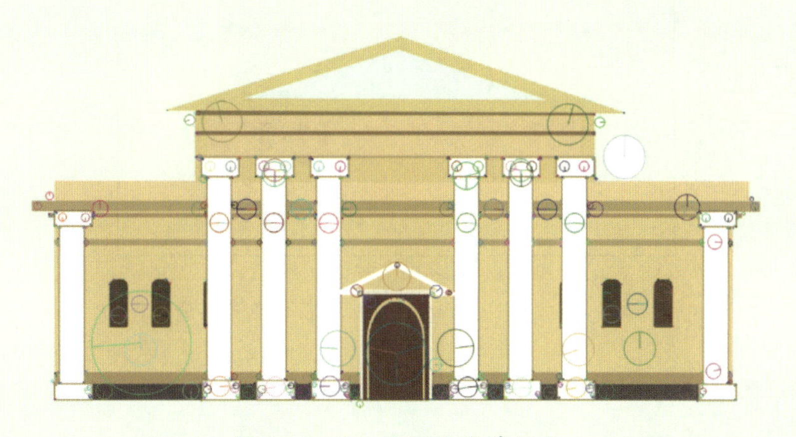

图 2-2-9　检测图像特征点

特征点指的是纹理较为复杂、具有较多信息量的像素点，比如边缘、点、角等。获得特征点后，尺度不变特征变换算法以检出的特征点为中心选取一片区域，这片区域被称作局部图像块。将每个局部图像块看作一张单独的图像，并针对每个局部图像块提取出方向梯度直方图特征，上述就是尺度不变特征变换算法的核心步骤。

完成图像的特征提取后，图像被表示为一个特征向量。应用图像的特征向量，可以完成图像分类、图像检索等任务。在实际任务中，对于数据集中每张图像采用同样的方法提取特征向量，提取后的特征向量可以组成一个特征空间。在特征空间中相对距离较小的特征向量被认为相似度较高。图 2－2－10 展示了二维特征向量对应的特征空间，空间中相同类别的特征向量距离较小。

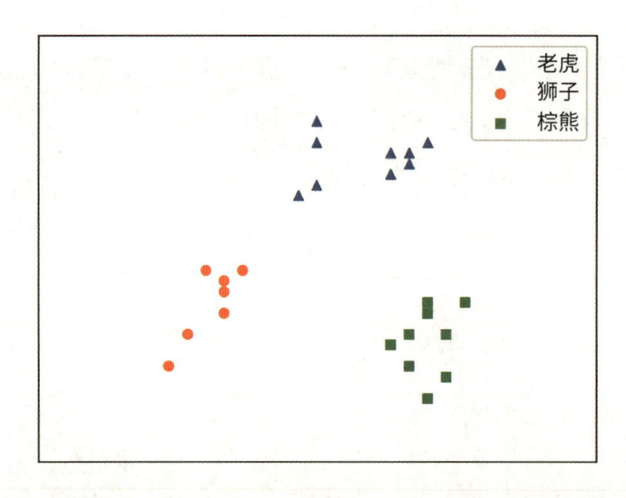

图 2－2－10　二维特征向量对应的特征空间

项目实施

提取动物图像的梯度直方图特征

一、项目活动

以区分老虎、狮子和棕熊为例，编写程序，采用方向梯度直方图的方法进行特征提取，为“动物分类模型的训练”奠定基础。观察对比不同类别动物的方向梯度直方图特征的不同之处。尝试在提取特征的过程中，改变检测单元参数的大小，观察输出特征的变化。

二、项目检查

各组针对老虎、狮子和棕熊数据集完成特征提取任务，对比分析不同参数下特征的变化，为图像分类做好准备。

练习与提升

1. 计算下图对应的梯度幅值图和梯度方向图。

165	134	85	32	26
155	133	136	144	52
76	38	26	60	170
60	60	27	77	85
34	23	108	27	48

2. 根据上图的计算结果，计算对应 5 个仓的统计梯度直方图。

2.3　图像分类

学习目标

- 了解非参数分类方法，知道 K 最近邻算法的原理；
- 了解支持向量机的算法原理；
- 能够根据实际问题灵活选择分类算法训练分类模型。

体验与探索

如何根据提取的特征进行分类

经过前面的学习，铭铭编写程序提取了图像的 HOG 特征。通过探究，铭铭发现不同的检测单元参数对应的 HOG 特征略有不同。不同动物，不同检测单元参数对应的 HOG 特征，如图 2-3-1 所示。

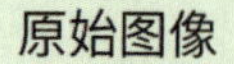

检测单元为16的HOG特征

检测单元为8的HOG特征

检测单元为32的HOG特征

图 2-3-1　不同动物不同检测单元参数(cells)对比图

思考　1. 图像的统计梯度直方图特征是否可以区分不同动物？

2. 不同检测单元参数获得的特征对图像分类是否有影响？

2.3.1　非参数分类算法

由于图像的方向梯度直方图特征是一个高维特征，对应的高维空间无法可视化，因此本文将以一个简单的二维特征为例，进行算法原理的描述。图 2-3-2 中展示了可以区分老虎、狮子、棕熊的二维的特征向量（掌垫宽度，体重），其中横坐标轴代表掌垫宽度，纵坐标轴代表体重。

应用第一册学习的感知器算法可以完成分类模型的训练。感知器算法属于参数分类算法。参数分类算法的训练过程中，需要不断优化调整分类模型中的参数，即 w 和 b。除此之外，还有一些分类算法不需要通过学习来

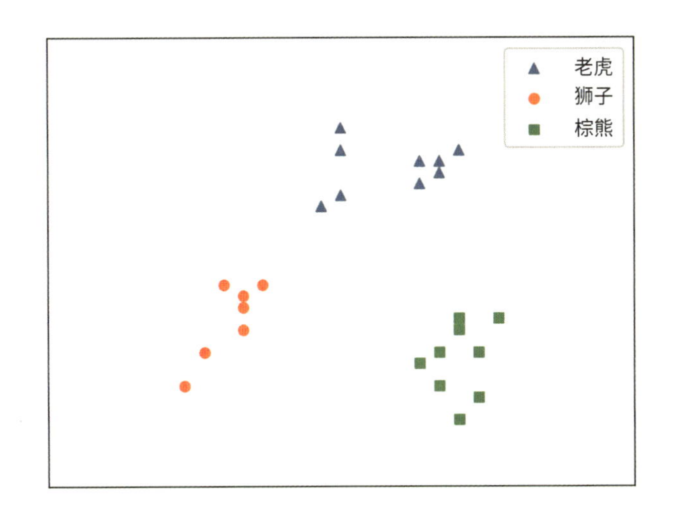

图 2-3-2　老虎、狮子和棕熊特征向量在特征空间的分布

优化参数，这类方法被称为非参数分类算法。K 最近邻算法就是一种简单的非参数分类算法。

以图 2-3-2 中的特征空间为例，利用 K 最近邻算法通过训练将得到一个模型 A。对于一张待预测的图像而言，应用模型 A 预测图像所属类别的过程如下：

(1) 提取该图像的特征；

(2) 将提取的特征与训练集中的图像特征进行比较，找到训练集中与之最相似（即距离最近）的前 K 个样本；

(3) 计算前 K 个样本中出现次数最多的类别，该类别即为模型的预测结果。

以 K=3 和 K=5 为例，预测过程如图 2-3-3 所示，其中红色☆为待预测的图像在特征空间中的位置。由图可知，当 K=3 时，与待预测图像最相近的 3 个特征向量中，出现次数最多的类别是老虎，所以该图被预测为老虎；当 K=5 时，与待预测图像最相近的 5 个特征向量中出现次数最多的类别是狮子，所以该图被分类为狮子。

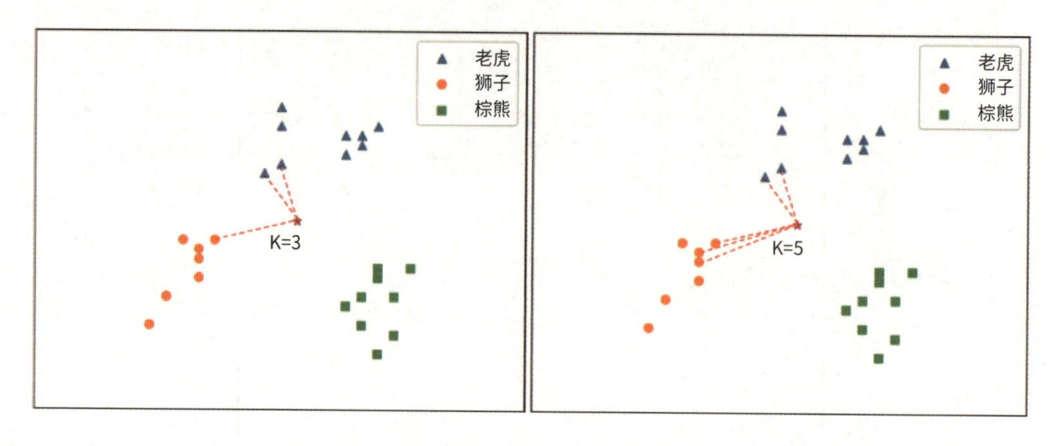

图 2-3-3　K=3 与 K=5 的 K 最近邻算法

实践活动

使用 K 最近邻算法训练图像分类模型

准备老虎、狮子、棕熊的图像作为训练集，采用 K 最近邻算法进行分类模型训练。任选一张老虎、狮子、棕熊的图像作为测试图像，对该图像进行预测，并判断预测的准确性。

2.3.2　支持向量机

应用感知器算法训练区分狮子与老虎的分类模型，可以得到不同的线性分类模型，如图 2-3-4 所示，图中横坐标代表前掌掌垫宽度，纵坐标代表体重。图中共有两个分类模型，分别为褐色的直线和蓝色的直线。这两个分类模型都可以将特征点正确分开，哪一个模型的性能更好呢？

由感知器训练过程可知，距离分类直线较近的样本更容易被误分类，距离分类直线较远的样本被误分类的可能性更小。因此，分类模型在保障正确分类的前提下，样本数据到分类直线的距离越远越好。使用样本与分类直线的距离表示分类的确信程度，那么确信程度越高的分类模型性能越好。

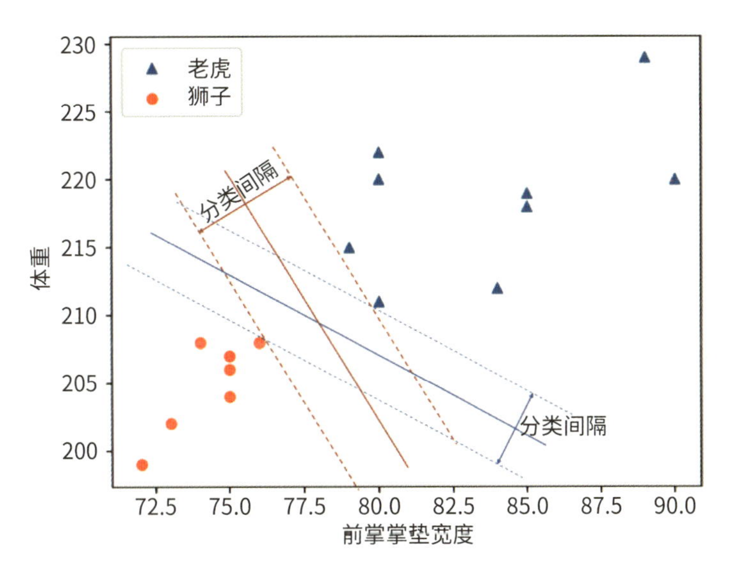

图 2-3-4　狮子与老虎的线性分类模型

对于图 2-3-4 中的情况而言，只需要关注离分类直线最近的点，当它们距离分类直线越远时，分类模型的性能就越好。换个标准，不同分类模型的分类间隔越大，则分类模型性能越好。分类间隔是两个不同类别的样本数据中，距离分类直线最近的样本点到直线的距离和。

在特征空间上获得分类间隔最大的分类模型的训练算法被称为支持向量机。支持向量是指与分类直线最近的特征点所表示的特征向量。分类间隔与支持向量的关系如图 2-3-5 所示（本书中只讨论支持向量机中的线性支持向量机）。

图中的 γ 为几何间隔，几何间隔是带正负符号的距离，当样本被正确分类时为正，错误分类时为负。对所有训练样本数据而言，只需要关注几何间隔的最小值。支持向量机的目的是最大化分类间隔，从图 2-3-5 可以看出，最大化分类间隔其实就是最大化两倍的几何间隔。

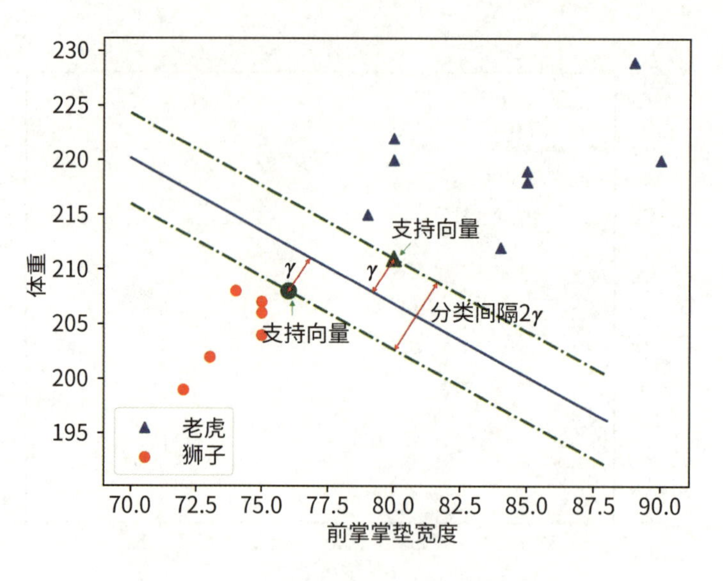

图 2-3-5　支持向量机分类模型示意图

实践活动

使用支持向量机训练老虎和狮子的分类模型

分别准备老虎、狮子的图像作为训练集和测试集,提取图像的方向梯度直方图,使用支持向量机算法对老虎、狮子两种动物图像进行分类模型训练,并使用测试集测试模型的准确度。

2.3.3　多分类算法

支持向量机算法可以解决二分类问题,如果要实现多个类别的分类,比如区分老虎、狮子和棕熊三类动物,可以训练三个支持向量机分类模型来完成该任务。三个支持向量机分类模型(注意此处表述的是线性支持向量机)分别区分老虎和狮子、老虎和棕熊、狮子和棕熊,从而实现三个类别的分类。

通过训练多个支持向量机分类模型,可以解决多分类问题,那么有没有办法训练一个分类模型就解决多分类问题呢?

分析线性二分类模型可以发现，线性二分类模型均可以使用 $y=wx+b$ 表示，当 x 为二维向量 $(x_1, x_2)^T$ 时，$\boldsymbol{w}$ 则可以表示为 (w_1, w_2) 的二维向量，b 为一个标量，通过判断结果 y 的数值正负号获得两个类别的分类结果，$y>0$ 代表属于该类，$y\leqslant 0$ 代表不属于该类。

如果需要区分老虎、狮子和棕熊，需要设计三个线性二分类模型：

$$y^{(1)}=w^{(1)}x+b^{(1)}$$
$$y^{(2)}=w^{(2)}x+b^{(2)}$$
$$y^{(3)}=w^{(3)}x+b^{(3)}$$

三个二分类线性分类模型的计算过程可以合并为如下的计算过程：

$$\begin{cases} y^{(1)}=(w_1^{(1)} \quad w_2^{(1)})\times\begin{pmatrix}x_1\\x_2\end{pmatrix}+b^{(1)} \\ y^{(2)}=(w_1^{(2)} \quad w_2^{(2)})\times\begin{pmatrix}x_1\\x_2\end{pmatrix}+b^{(2)} \\ y^{(3)}=(w_1^{(3)} \quad w_2^{(3)})\times\begin{pmatrix}x_1\\x_2\end{pmatrix}+b^{(3)} \end{cases} \Rightarrow \begin{pmatrix}y^{(1)}\\y^{(2)}\\y^{(3)}\end{pmatrix}=\begin{bmatrix}w_1^{(1)} & w_2^{(1)}\\w_1^{(2)} & w_2^{(2)}\\w_1^{(3)} & w_2^{(3)}\end{bmatrix}\times\begin{pmatrix}x_1\\x_2\end{pmatrix}+\begin{pmatrix}b^{(1)}\\b^{(2)}\\b^{(3)}\end{pmatrix}$$

令 $\boldsymbol{y}=(y^{(1)}, y^{(2)}, y^{(3)})^T$ 表示合并后分类模型的输出，向量 $\boldsymbol{y}$ 可被视作多分类的预测向量，其中 $y^{(1)}$ 表示该图像为老虎的可能性大小，$y^{(2)}$ 表示该图像为狮子的可能性大小，$y^{(3)}$ 表示该图像为熊的可能性大小，$y^{(1)}$，$y^{(2)}$，$y^{(3)}$ 中最大值所对应的类别为多分类的结果。

一般地，对于多分类的结果常常表示为区间[0, 1]的某个值且三个输出的和为 1，即将多分类模型的输出转化为概率的形式。此时需要设计一个函数将结果 $\boldsymbol{y}=(y^{(1)}, y^{(2)}, y^{(3)})^T$ 的值映射到[0, 1]区间，这个过程称为归一化，对应使用的函数称为归一化函数。

思考活动

如何完成一组数值的归一化

假设某个图像，经多分类模型分类后的结果 $\mathbf{y}=(y^{(1)}, y^{(2)}, y^{(3)})^T=(12, 90, 18)^T$。请思考：如何操作可以将输出结果归一化。

对于 $\mathbf{y}=(y^{(1)}, y^{(2)}, y^{(3)})^T=(12, 90, 18)^T$ 而言，令

$$y^{(1)'}=\frac{y^{(1)}}{y^{(1)}+y^{(2)}+y^{(3)}}=\frac{12}{120}=0.1$$

$$y^{(2)'}=\frac{y^{(2)}}{y^{(1)}+y^{(2)}+y^{(3)}}=\frac{90}{120}=0.75$$

$$y^{(3)'}=\frac{y^{(3)}}{y^{(1)}+y^{(2)}+y^{(3)}}=\frac{18}{120}=0.15$$

归一化后的输出 $\mathbf{y}'=(y^{(1)'}, y^{(2)'}, y^{(3)'})^T=(0.1, 0.75, 0.15)^T$。有许多常用的激活函数可以实现归一化，softmax 函数就是其中一种。对于一个多分类问题，假设存在 3 个类别，针对某个输入图像，多分类模型的预测结果为 $\mathbf{y}=(y^{(1)}, y^{(2)}, y^{(3)})^T$，对应 softmax 函数的公式如下：

$$y^{(1)'}=\frac{e^{y^{(1)}}}{e^{y^{(1)}}+e^{y^{(2)}}+e^{y^{(3)}}}$$

$$y^{(2)'}=\frac{e^{y^{(2)}}}{e^{y^{(1)}}+e^{y^{(2)}}+e^{y^{(3)}}}$$

$$y^{(3)'}=\frac{e^{y^{(3)}}}{e^{y^{(1)}}+e^{y^{(2)}}+e^{y^{(3)}}}$$

Softmax 函数计算每个输入值的指数形式，然后除以所有数值的和，它可以将 y 的范围由 $[0, +\infty]$ 映射到 $[0, 1]$ 区间。通过 softmax 函数进行归一化，$\mathbf{y}$ 中的每个值都被限制在 $[0, 1]$ 区间且各个值的和为 1，表示该图像属

于对应类别的概率大小，概率值最大的类别便是多分类的结果。

实践活动

计算二维特征向量的归一化结果

给定如下 **w** 和 b 的参数，

$$\begin{bmatrix} w_1^{(1)} & w_2^{(1)} \\ w_1^{(2)} & w_2^{(2)} \\ w_1^{(3)} & w_2^{(3)} \end{bmatrix} = \begin{bmatrix} 0.5 & 0.7 \\ 0.1 & 1.2 \\ 0.3 & -0.2 \end{bmatrix}$$

$$\begin{pmatrix} b^{(1)} \\ b^{(2)} \\ b^{(3)} \end{pmatrix} = \begin{pmatrix} -0.9 \\ 2 \\ 0.6 \end{pmatrix}$$

对于二维特征向量：

$$\begin{pmatrix} x_1 \\ x_2 \end{pmatrix} = \begin{pmatrix} 2.5 \\ 0.3 \end{pmatrix}$$

计算 softmax 之后的分类概率向量 y'。

提示：

$$\begin{pmatrix} y^{(1)} \\ y^{(2)} \\ y^{(3)} \end{pmatrix} = \begin{bmatrix} w_1^{(1)} & w_2^{(1)} \\ w_1^{(2)} & w_2^{(2)} \\ w_1^{(3)} & w_2^{(3)} \end{bmatrix} \times \begin{pmatrix} x_1 \\ x_2 \end{pmatrix} + \begin{pmatrix} b^{(1)} \\ b^{(2)} \\ b^{(3)} \end{pmatrix}$$

阅读拓展

决策树算法

决策树是一种树形结构的分类算法，适用于多类别分类模型的训练。

决策树模型中的每个节点是一种属性（特征），给定一张待预测的图像，针对不同特征作出决策，遍历整个树结构可以获得最终的预测值。图 2-3-6 展示了两个不同的决策树分类模型，针对决策树算法，此处不做深入探讨，感兴趣的读者可以自行探索。

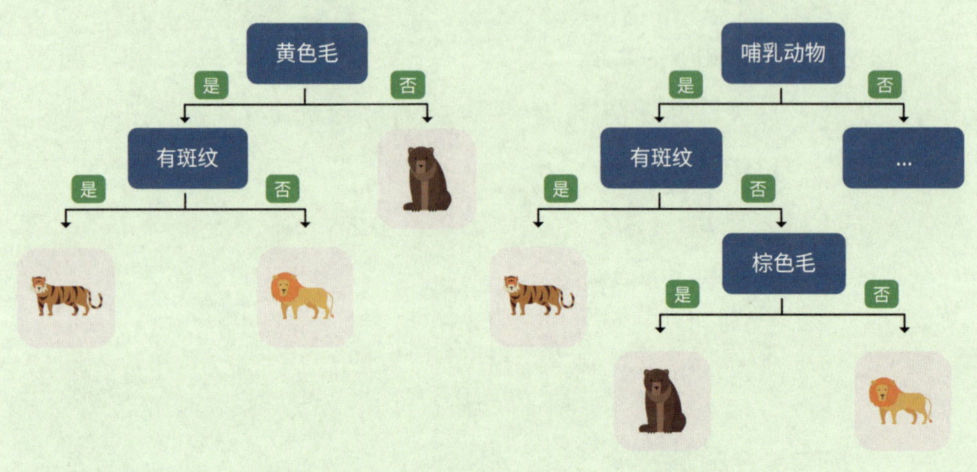

图 2-3-6　决策树算法动物分类示意图

阅读拓展

多标签多类别的分类

生物学上将老虎分为不同的亚种，实际上对于分类来说，可以进行更细致的划分。比如，区分某个动物是雄狮还是幼虎。在机器学习对分类问题的研究中，某个动物雄性、雌性、成年、幼年等属性常被称为标签。分辨某个图像中的动物是狮子还是老虎属于针对不同类别的分类，而分辨图像中的狮子是雄狮还是雌狮属于针对不同标签的分类任务。因此，训练一个分类模型区分某个动物是雄狮还是幼虎属于多标签多类别的分类任务。

多标签多类别分类问题可以看成多任务的多分类问题，具有多项分类目标，对于待分类的每个样本来说，在每个分类任务中都有一个标签，如种类、性别、年龄等，所以被称作多标签分类。

图 2-3-7　多标签分类

如图 2-3-7 的分类任务中处理区分动物种类以外，还包含性别、年龄标签，是一个多标签多类别的分类问题。多标签多类别的分类具备广阔的应用场景，多标签多类别模型可以给每张图像打上多个标签，方便进行图像检索。

阅读拓展

聚类与分类

机器学习根据待学习的数据集是否包含人工标注的标签信息，分为监督学习和无监督学习。如果数据集中包含人工标注的真实类别标签，对应的机器学习算法为监督学习，前文中基于机器学习算法的分类模型训练即为监督学习。对于没有标签信息的数据集，同样可以通过机器学习算法学习数据的规律，这种数据集中没有真实类别标签信息的训练过程属于无监督学习。

如图 2-3-8 所示，在真实标签的指引下，很容易找到区分数据类别的分类模型，即左图中的直线。而在没有真实标签信息的右图中，上述的分类方法不再适用。但是，对比观察 2-3-8 中的两幅图可以发现，右图中的数据呈现两个聚集群。这是因为同类物体的特征更加相似，在特征空间中同类物体的距离更近。通过类似这种数据的聚集情况，可以将数据分为不同类别，这种算法被称作聚类算法。聚类算法的目的是把一群样本数据分为多个集合，同一集合内的样本特征尽可能相似，不同集合样本特性尽可能不

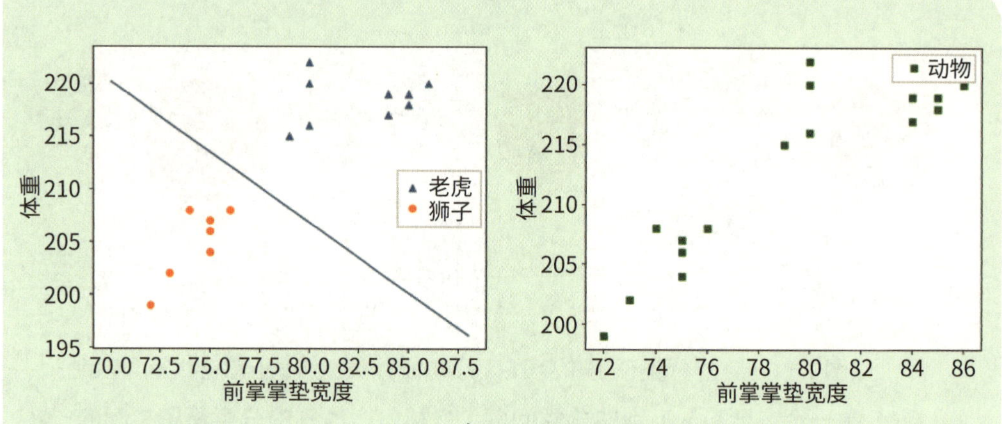

图 2-3-8　有标签与无标签数据

同。需要注意的是，只有在同类样本特征趋于相近的基础上，聚类的准确性才能得到保证，所以样本的特征选择非常重要。

阅读拓展

K 均值聚类

K 均值聚类算法，是一类经典的聚类算法，假设现有 N 张未标注的图像样本，利用 K 均值聚类算法可以将其划分为 K 个类别。下面以“老虎、狮子”为例，介绍 K 均值聚类算法。

第一步：随机初始化类别。如图 2-3-9 所示，特征空间中的每个样本被随机划入 K 个类别中，图中(K=2)。

第二步：计算聚类中心。计算每个类别的特征向量的平均值，计算公式为 $f=\frac{1}{N}\sum_{i=1}^{N}f_i$，该值也被称作类心，在图中用红色标出。

第三步：更新所属类别。分别计算 N 个样本与 K 个类心之间的距离，如图 2-3-10 所示，将每个样本重新划分进距离更近的类别中去。该步骤的原理是同样类别的样本特征相似度更高，即空间距离更近。

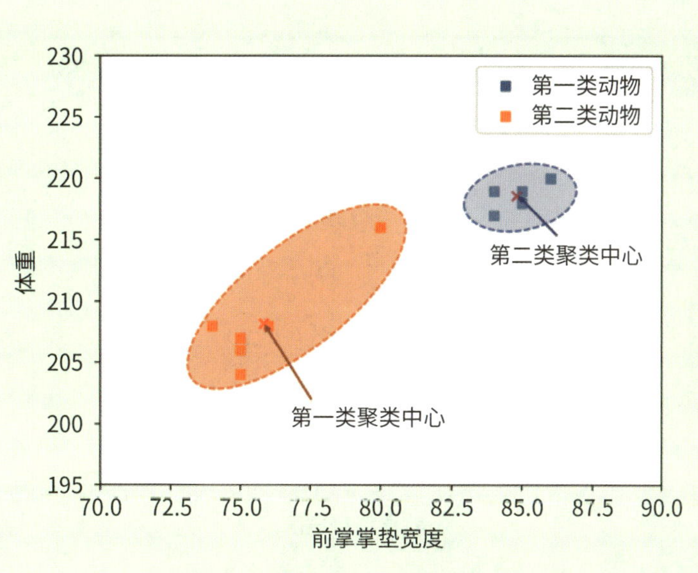

图 2-3-9　随机初始化类别

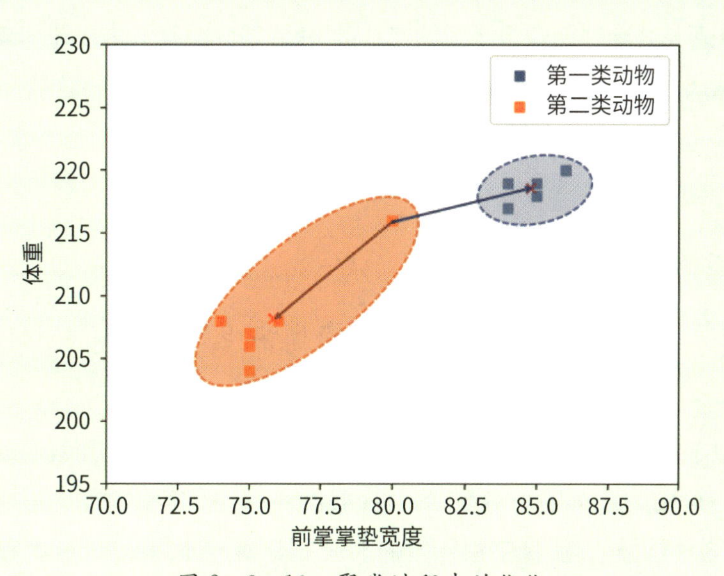

图 2-3-10　聚类过程中的优化

第四步：重复第二步、第三步，直至所有样本不再需要更新类别，如图 2-3-11 所示，经过几次更新修正，所有样本已满足聚类目标。

值得注意的是，这里的 K 均值聚类算法与 K 最近邻分类算法不同，K 均

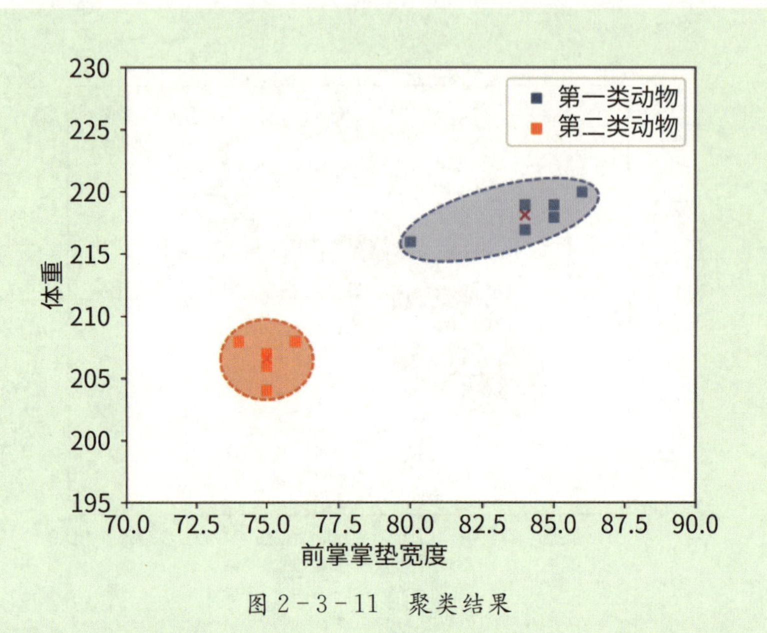

图 2-3-11 聚类结果

值聚类算法是一种无监督学习的方法，K最近邻分类算法需要训练集中具有标签的数据，属于监督学习方法。

项目实施

选择分类算法对动物图像进行分类

一、项目活动

以老虎、狮子和棕熊为例，选择任一图像分类算法，结合提取的动物图像特征，对动物图像进行分类，为“识别动物分类别”项目实现迈出坚实一步，训练能区分老虎、狮子和棕熊的多分类分类模型，并测试分类模型准确率。

二、项目检查

各组完成老虎、狮子和棕熊的多分类模型的训练，并对分类模型进行测试，并进行成果展示。

练习与提升

1. 你认为 K 最近邻算法与支持向量机算法有什么不同之处?
2. 你认为分类算法与聚类算法有什么异同?

2.4　图像分类的应用

学习目标

- 了解图像分类在日常生活中的应用,能设计分类模型解决实际问题;
- 了解生物特征识别,正确看待生物特征识别的安全伦理问题;
- 知道基于传统手工特征的分类方法解决问题的局限,理解技术的价值与局限并存。

体验与探索

学习图像分类后,铭铭初步实现了一个动物识别系统,游客在游览动物园的时候,可以通过该系统进行动物识别。应用图像分类技术的智能系统极大地方便了动物园的游客。初步体验到智能系统的便捷后,铭铭不禁发出疑问,图像分类的技术还可以应用在哪些情境下呢?

图像分类技术可以用于解决很多真实问题,有利于提升动物园等园区的智能化,如应用图像分类技术训练一个垃圾分类系统,助力游客区分不同的垃圾。同样的,也可以将图像理解技术用于游客身份的识别,从而为游客提供更好的游园服务。

思考　1. 基于图像理解的分类技术在生活中还可以应用于哪些场景?

2. 对于游客身份验证而言,传统的检票员如何验证游客身份?

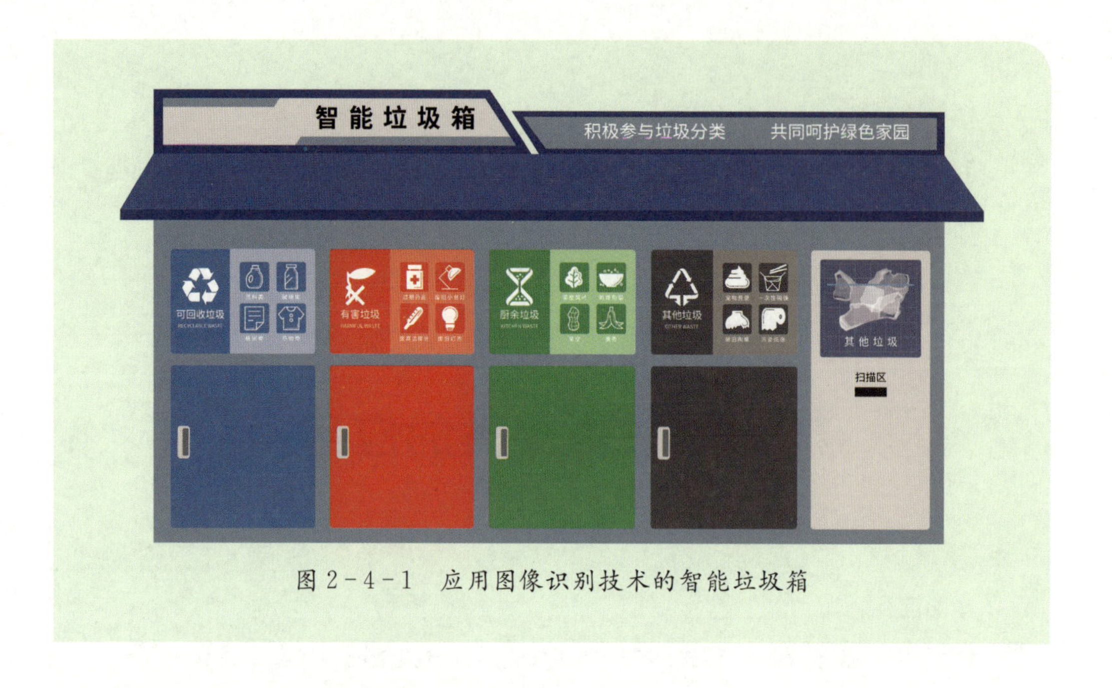

图 2-4-1　应用图像识别技术的智能垃圾箱

2.4.1　图像分类模型的应用

通过定义问题、准备数据、提取特征、确认算法、训练模型、测试模型等过程，可以训练一个分类模型解决图像分类问题。比如，图 2-4-1 中基于图像分类技术的智能垃圾箱，随着垃圾分类在全国范围内的推广，如何准确、快速地区分各类垃圾成了困扰广大市民的难题。试想，如果拿出手机扫一扫就能知道该垃圾属于哪种类别，垃圾分类将变得多么准确高效，借助图像分类技术可以将这一切变为可能。

实践活动

垃圾分类助力绿色生活方案设计

垃圾分类的智能化可以极大地转变市民处理垃圾的行为习惯和方式，提高环保意识。在不久的将来甚至可以在垃圾识别和分类的基础上实现人工智能全自动垃圾分类，大大提升垃圾处理的效率，绿色生活指日可待。

尝试研究如何基于图像分类技术实现垃圾分类系统，确定一个可行的研究方案，利用图像分类技术解决垃圾分类问题。

生活中还有哪些地方可以应用图像分类技术呢？实际上基于图像分类技术的图像识别在日常生活的很多方面均有应用，比如自动识别图片上的文字，自动识别车牌，自动识别证件，智能搜图，生物特征识别等。

实践活动

基于方向梯度直方图的手写数字识别

本章学习的图像分类技术是基于手工特征的图像分类，属于人工智能在图像理解领域的早期方法。在图像分类问题的早期研究中，基于手写数字的分类问题被研究者广泛研究，这是因为基于手写数字的分类是文字识别等问题的基础。经典的手写数字数据集，如图 2-4-2 所示。尝试提取图像的方向梯度直方图特征，选择分类算法完成分类模型的训练，测试分类模型的准确度。通过实践验证：基于 HOG 特征的手写数字分类模型是否可以投入应用。

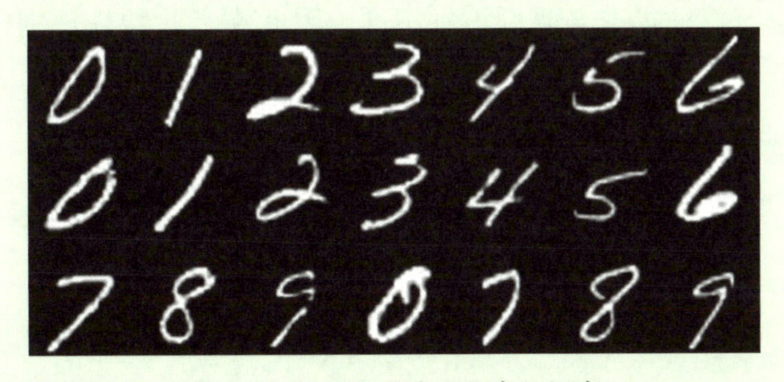

图 2-4-2　大型手写数字数据库

* 2.4.2 生物特征识别

生物特征识别指利用生物体（一般特指人）与生俱来的生理特征（如指纹、虹膜、面相、DNA 等）或行为特征（如步态等）来进行身份认证和识别的技术。人脸识别是生物特征识别中的一种典型应用，人脸识别系统通常包括人脸检测、关键点定位、人脸对齐、人脸特征识别匹配等几个重要步骤。人脸识别的过程如下：

首先，获取人脸图像的方向梯度直方图，如图 2－4－3 所示，根据结果定位图像中人脸所在区域并进行截取。

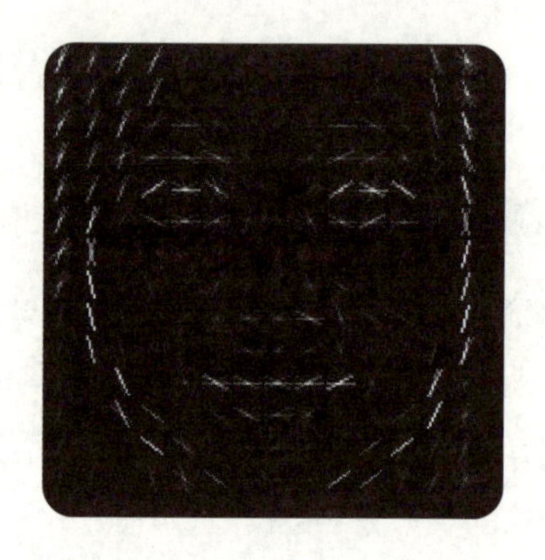

图 2－4－3　人脸图像的方向梯度直方图

其次，进行人脸关键点定位。不同图像中的人脸朝向各异，直接使用这样的图像进行特征提取会降低识别精度。因此在人脸特征识别前，需要对人脸进行转正，人脸转正前需要利用人脸关键点对人脸进行定位。人脸的关键点一般包括眼睛、鼻子、嘴巴、轮廓等标志性信息，如图 2－4－4 所示。

接着，根据人脸关键点确定人脸朝向，通过图像的几何变换完成人脸转正。

然后，对转正后的人脸图像进行特征提取。由于人脸图像中的信息较为多样，并且受环境、姿态等影响较大，所以简单的特征提取方法，如颜色特征、形状特征等无法满足精度要求。目前，人脸特征一般使用深度学习模型

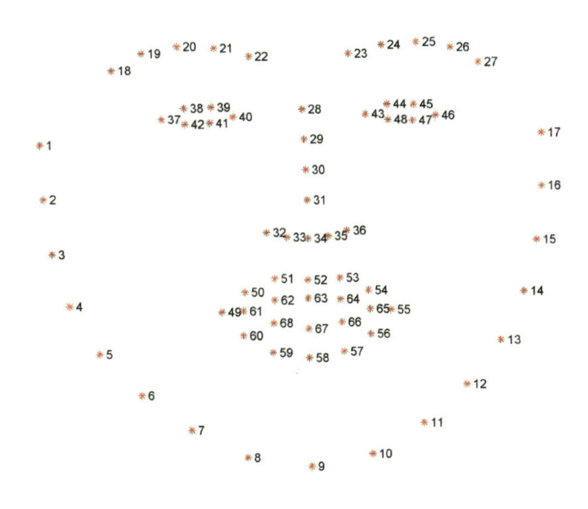

图 2－4－4　人脸关键点

进行学习和提取，深度学习将在后面的章节中进行介绍。

最后，获得人脸特征后，通过特征匹配的方法完成目标特征与数据库中的人脸特征的对比匹配，最终确定其身份信息。

基于人脸识别的身份认证主要分为 1∶1 认证匹配和 1∶N 识别匹配两种类型。手机解锁属于 1∶1 认证匹配，主要比对采集的人脸特征与手机中存储的人脸特征是否一致。1∶N 识别匹配的应用更广，例如刷脸支付、刷脸打卡等。1∶N 识别匹配主要将采集的人脸特征与数据库中海量特征进行匹配，寻找最相似的特征，从而完成身份识别。

思考活动

人脸遮挡识别

假如，由于某种原因部分人脸被遮挡了，比如戴口罩或围巾。这种情况下，是否还能正确地识别？

阅读拓展

指纹识别原理

指纹识别是另一种常见的生物特征识别技术，也属于图像识别，与图像识别的流程基本一致，分为指纹采集与图像预处理、特征提取、指纹特征匹配。

（1）指纹图像预处理

颜色特征对于识别指纹而言是无用的信息，因此只需采集指纹的灰度图像。通过指纹取像设备得到的指纹图像通常是充满噪声的灰度图像，因此在提取指纹图像特征前，需要对指纹图像进行预处理。常用的预处理方法包括指纹分割、指纹增强、二值化、细化等。

图 2-4-5　图像预处理后的指纹图像

（2）指纹特征提取

指纹特征提取的主要目的是获取指纹细节点的特征信息，其中纹路上的纹线端点、分叉点和短纹最为重要，如图 2-4-6 所示。

纹线端点

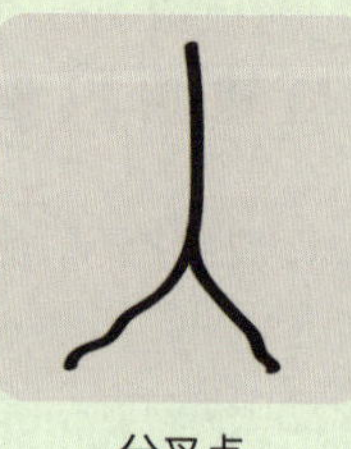

分叉点

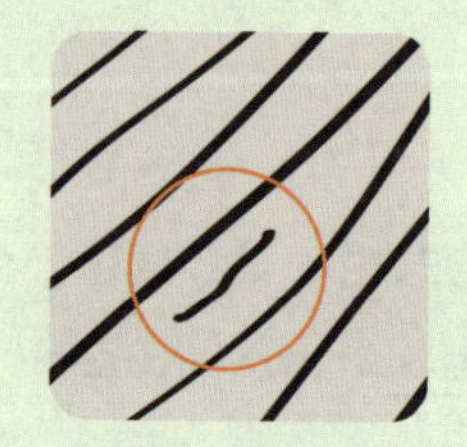

短纹（孤立点）

图 2-4-6　指纹特征示意图

（3）指纹特征匹配

指纹特征匹配算法是基于指纹细节点进行匹配，首先获得两幅指纹图像对应的细节点，然后进行指纹对齐，在两张指纹图像中找到一个相对的旋转和平移关系，从而找到对应点，获得匹配分数。该分数可以是匹配的特征点个数占总点数的比例值，通常来说，该比例超过 65%就可判为匹配成功。

* 2.4.3　生物特征识别的安全伦理

生物特征识别，尤其是人脸识别近年来广泛应用于身份识别和安全验证，如图 2－4－7 所示。

图 2－4－7　人脸识别的应用

伴随广泛的应用，生物特征识别在个人隐私、数据保护、安全攻防等方面的安全风险同样不容忽视。人脸识别系统将人的身份与生物特征抽象成数据并在公共数据集中流动，个人隐私数据泄露、篡改、盗用的风险值得关注。人脸数据作为应用广泛的公民身份标识，一旦被不法分子篡改或利用，不仅会侵犯公民肖像隐私权，更会干预甚至剥夺公民参与社会公共活动的权利，威胁个人或企业组织的财产安全。

阅读拓展

人脸识别安全伦理问题

人脸识别的安全伦理问题可从“隐私保护”“社会公平”“安全攻防与技术稳定性”三个方面进行解构。

（1）隐私保护

人脸识别的基本原理是核验自然人的面部特征信息，并将其作为身份验证的手段。人脸识别应用需要自然人将人脸数据授权给应用服务供应商，自然人完成授权后，就失去了对自己人脸信息使用与流通的决定权，通常应用服务供应商不会告知用户如何使用人脸数据，个人用户没有能力和条件去控制自己人脸数据的使用。这些隐私数据的使用边界与安全保护完全取决于应用服务供应商的安全技术素养、道德规范与行业自律。

面对这类问题，不同的应用服务供应商有不同的解决方案。例如，苹果公司将用户的指纹、人脸数据存储在终端设备本地，并采用物理加密的方式确保该数据在整个调用过程中是完全脱敏和本地化存储的。但是目前大多数应用服务供应商将人脸数据在网络中传输，常用的网络传输加密协议无法与人脸数据的安全级别相匹配，数据在存储与传输的过程中都有可能被劫持，存在严重安全风险。

（2）社会公平

人脸识别带来的社会公平问题可以分为算法模型与社会关注两个方面。

一方面，人脸识别模型可能存在算法歧视现象。同时，由于训练算法的黑箱特性，训练得到的模型具有一定的不可解释性。算法透明度存在较大争议，这可能导致一些问题无法得到科学有效的解释，从而加剧歧视现象。

另一方面，人脸识别大规模推广与社会治理背后的数字鸿沟问题也不容忽视，比如，没有智能机的老人如何使用“健康码”。因此，开发应用的过程中，需要关注弱势群体是否公平享有社会公共服务。

(3) 安全攻防与技术稳定性

人脸识别技术容易受到光照、天气、温度、湿度、遮挡甚至外界环境的影响。逆光环境、低光环境、遮挡问题、图像清晰度、识别阈值等都会直接影响人脸识别的正确率。

评估人脸识别性能的指标包括检测率、漏检率、误检率和检验速度等。过高的识别阈值会导致人脸识别失败的几率的显著升高，大大降低人脸识别的检验速度。而降低阈值，会为黑客带来可乘之机。目前，人脸识别的安全性、准确性和识别速度难以有效兼顾，尚缺乏统一的安全标准。

那么，如何妥善解决人脸识别的安全伦理问题呢？可参考如下方法：

(1) 制定措施加强数据隐私保护。

(2) 进一步提升人脸识别的技术性能、稳定性与安全性。

(3) 鼓励发展人脸识别配套数字基础设施。

(4) 推行人工智能教育、宣传和科普，避免公众盲目信赖或抵触人脸识别。

(5) 尊重并维护特殊群体权益，实现有温度的数字治理。

思考活动

刷 脸 时 代 的 安 全 防 范

在人工智能时代，人脸识别应用在带来无限便利的同时，也存在诸多安全问题并可能造成严重后果。如今，保护人脸信息安全已经成为个人隐私保护的重要方面。

思考 日常生活中，该如何保护人脸信息呢？为了保障人脸信息被合法安全的使用，还需要关注哪些方面？

项目实施

寻找提升动物分类模型性能的方案

一、项目活动

以老虎、狮子和棕熊为例，尝试编写程序，统计不同分类算法对应分类模型进行动物分类的准确率。访问互联网，寻找提升动物图像分类模型准确率的方法。

二、项目检查

各组尝试利用不同分类算法，针对老虎、狮子和棕熊的方向梯度直方图特征进行分类模型训练，展示不同分类模型的分类准确率。尝试寻找提升分类模型准确率的方案，并进行方案分享。

练习与提升

请简述人脸识别系统的工作原理和步骤，说明每个步骤分别会对系统产生什么影响。

2.5 人工智能小故事

利用机器学习和卫星图像，从太空中识别贫困地区

很多第三世界国家由于基础设施薄弱，缺乏收集数据和共享数据的能力，难以获得全面和准确的经济变量统计数据。不过目前，这样的状况有机会得到改观。来自斯坦福大学计算机研究中心的科学家们找到了一种精准识别贫困区域的新方法（发表于 2016 年 8 月 18 日的《科学》杂志），利用机器学习结合卫星图像，成功标识了非洲五个国家的经济状况。

对于赤贫地区来说，很难采用夜间灯光密集程度作为考察该地区经济活动水平的指标。因为从卫星图片上来看，非洲绝大多数极端贫困的地区，夜晚都是一片漆黑的。斯坦福的这项研究采用了一种被称为“迁移学习”的机器学习技术，分两步标识贫困情况。首先，通过机器深度学习白天的高分辨率卫星图像，图像中包含约 4096 个与经济有关的指标，比如道路、市区和水道等，通过学习建立模型，并利用模型对这些地区晚间的照明情况进行预测。然后，再结合人口、卫生组织以及世界银行已有的研究，对模型进行修正，完成贫困情况的标识。通过这种方式，对某地区贫困水平的预测能够达到 81%～99%的准确度。利用这个研究成果可以帮助经济援助组织更为高效地进行物资管理和分配，降低援助成本的同时帮助更多的贫困人群。

贫困已经成为 21 世纪人类文明面临的长期困境之一，消除一切形式的贫困是 2030 年可持续发展议程 17 个目标中的第一个，

消除贫困的一个重要前提是识别贫困。正如案例所述，在经济落后国家和地区，政府很难承担高昂的经济调研费用，其中某些地区甚至仍处于动荡之中，有关贫困的数据高度缺失。这给国际援助带来不小障碍。相较于传统的挨门挨户的调查方式，机器学习结合卫星图像的方法大大降低了调查成本，再加之数据获取渠道几乎都来自于公开信息，让这种方法更易于推广和复制。

总结与评价

1. 下图展示了本章的核心概念与关键能力，请同学们对照图中的内容进行总结。

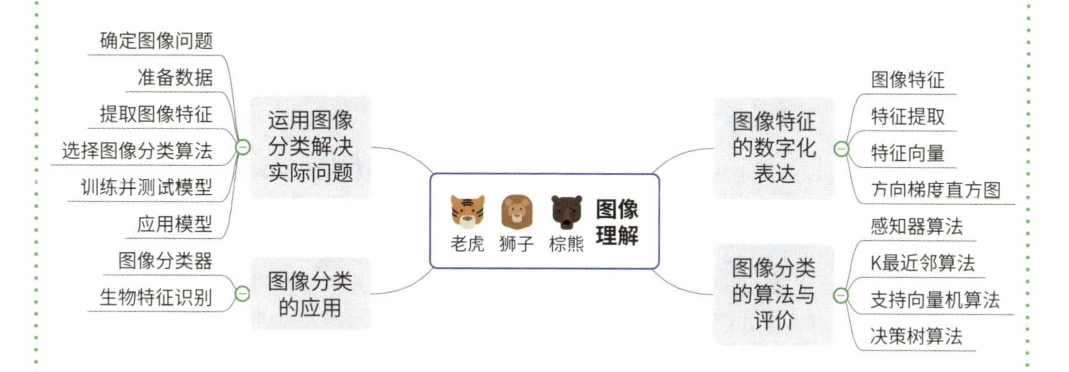

2. 根据自己的掌握情况填写下表。

学习内容	掌握程度
图像特征的选择	□不了解　□了解　□理解
图像特征的提取	□不了解　□了解　□理解
图像分类算法及其原理	□不了解　□了解　□理解
分类算法如何选择	□不了解　□了解　□理解
分类模型的训练	□不了解　□了解　□理解
图像分类的应用	□不了解　□了解　□理解
生物特征识别的概念	□不了解　□了解　□理解
生物特征识别的安全伦理问题	□不了解　□了解　□理解

第3章 深度学习

在21世纪初期的互联网大潮中，许多公司依靠机器学习算法做出了新奇有趣的产品，这些产品吸引了大量的用户，也积累了大量的用户数据。但是，如何让机器学习算法高效处理积累的数据，不断迭代更新产品，成了一个迟迟未能解决的难题。传统的机器学习算法在小规模简单问题上具有不错的效果，但当数据规模变大时，传统机器学习算法的效果难以满足市场需求。在传统机器学习算法依靠精巧的设计取得成功的同时，另一批科学家们持续地探索着机器学习的另一个分支——如何让算法像人脑神经元一样运作。

2012年，在ImageNet大规模视觉识别竞赛中，“深度神经网络”的技术一举将图像识别错误率下降了15.3%。而以往凭借传统机器学习算法进行图像分类，错误率每年只能下降大约1%。“深度神经网络”的突破引起了学术界和工业界的广泛关注，人们看到了将深度学习应用于大规模复杂问题的广阔前景。如果把人工智能看作一辆赛车，那么数据就是燃料，深度学习就是全新的引擎。深度学习充分点燃了积累的燃料，自此人工智能进入新的发展浪潮。

在本章学习中，我们将以“深度学习识图像”为主题开展项目活动，探究深度神经网络的基本构造，学会构造简单的深度神经网络解决实际问题。

主题学习项目：深度学习识图像

项目目标

当前正处于人工智能崭露头角的时代，深度学习正是人工智能从研究走向大规模应用的关键技术。然而，深度学习算法的突破并不是一蹴而就的，它的发展历经了几十年的波折。本章以“深度学习识图像”为主题展开项目学习，通过了解深度学习的发展历程，探索深度学习取得突破的原因，并学习构造简单的深度神经网络解决生活中的真实问题。

1. 通过项目活动，探索深度神经网络的发展，了解深度神经网络的结构，并能搭建深度神经网络模型。

2. 理解各类神经网络的优点和缺点，能够根据实际问题，训练模型解决图像分类问题。

3. 探究深度学习在某些方面能够超过人类的原因，理解端到端学习的优缺点，并了解深度学习的前沿应用和挑战。

项目准备

为完成项目需要做如下准备：

- 全班分成若干小组，每组建议 2~3 人，在学习的过程中通过互助合作完成项目任务实践。
- 调查了解人类神经元的工作模式，为后续学习做好信息储备。
- 为“深度学习识图像”主题内容学习准备实验环境。

项目过程

在学习本章内容的同时开展项目活动。为了保证本项目顺利完成，要在以下各阶段检查项目的进度：

1. 根据项目研究计划，探索并应用单层神经网络进行图像分类。

2. 了解深度学习中的异或问题，设计方案，解决异或问题。

3. 根据项目研究计划，探索并应用卷积神经网络解决图像分类问题。

4. 根据项目研究计划，探索深度学习与基于手工特征分类算法的分类结果的差异。

5. 根据项目研究计划，了解深度学习在日常生活中的应用，并探索技术的两面性。

项目总结

完成“深度学习识图像”系列主题任务，各小组提交项目学习成果，开展作品交流与评价，体验小组合作、项目学习和知识分享的过程，通过对深度神经网络的实践探索，了解深度神经网络的基本结构，能够选取合适的深度神经网络解决生活中的实际问题。

3.1　单层神经网络

学习目标

- 掌握单层神经网络的网络结构；
- 能够训练单层神经网络分类模型；
- 知道神经网络权重的意义，能够简单叙述神经网络的学习原理。

体验与探索

单层神经网络

人类神经系统的基本单元是神经元，可以感受刺激和传导兴奋。人工智能科学家模拟人类的神经网络结构发明了人工神经网络，图 3-1-1 展示了一个简单的单层神经网络。

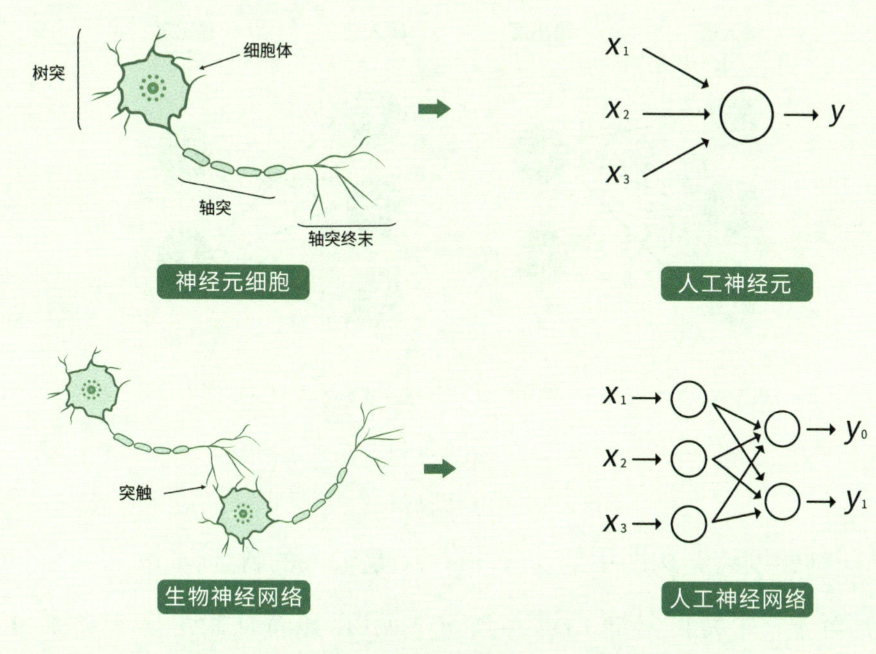

图 3-1-1　生物神经网络与人工神经网络对比

麻雀虽小，五脏俱全，单层神经网络虽然简单，但却具备了其他所有神经网络的要素。不管神经网络变得如何复杂，它们的基本原理都是和单层神经网络类似的。

思考 1. 图中的单层神经网络，输入的特征向量维数是多少？

2. 猜一猜图中的单层神经网络能够根据特征向量分为几类？

3.1.1 单层神经网络结构

人脑中包含很多神经元，神经元之间以突触连接。人工神经网络是从信息处理的角度对人脑神经元的一种抽象，试图通过很多简单的神经元共同协作，模拟实现一个复杂的功能。在人工神经网络中，神经元是构成网络结构的基本单位，两个神经元之间的信息传递由权重 ω 控制，如图 3－1－2 所示，显示了一个单层神经网络结构。

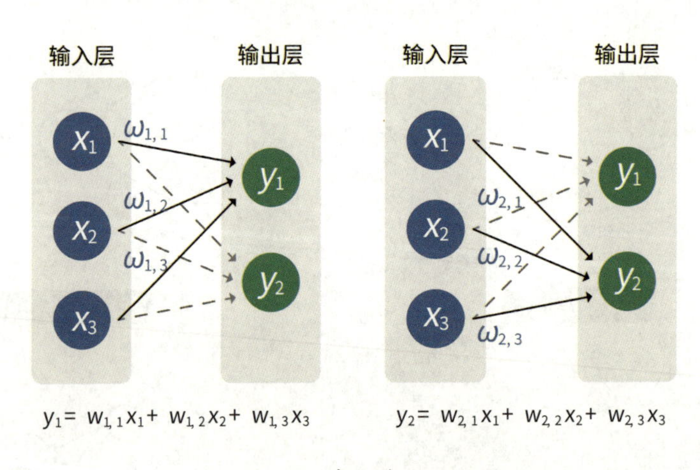

图 3－1－2 单层神经网络结构

单层神经网络结构图中的 x_1，x_2，x_3 是输入的特征向量。y_1，y_2 可以理解为，对于一个特征向量（x_1，x_2，x_3）而言，该特征向量属于类别 y_1 的概率大小和属于类别 y_2 的概率大小。由此可知，图 3－1－2 中是一个二分类模型。

假定，目前需要训练一个单层神经网络用于区分手写数字 0 和 1，对应数据集的示例如图 3－1－3 所示。

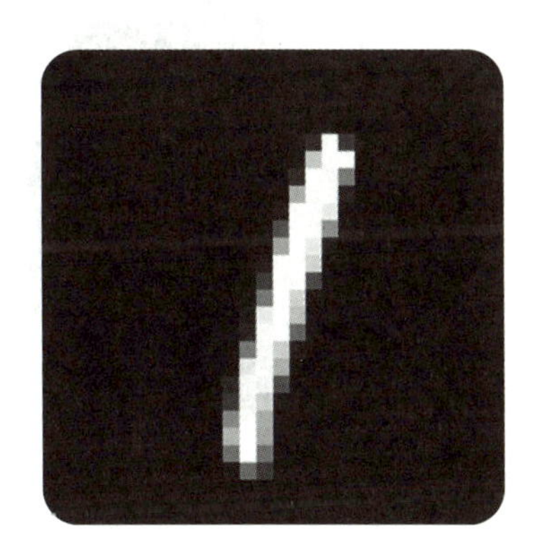

图 3－1－3　分辨率为 28×28 的手写数字示例

将图中灰度图像的像素值矩阵，展平为一个 1×784 的向量，并使用该向量作为代表该图像特征的特征向量。因此区分手写数字 0 和 1 的单层神经网络的输入层有 784 个神经元，输出层有 2 个神经元。通过神经网络的训练算法，能够得到一个分类模型，该分类模型能够区分图像中的手写数字是 0 还是 1。

阅读拓展

图像展平

图像是二维的，可以表示为矩阵进行存储，图 3－1－4 展示了一个数字对应的像素矩阵，该矩阵的维度为 12×12。

对于这个 12×12 的矩阵，将第二行的元素连接到第一行元素的尾部，以次类推，可以得到一个 1×144 的一维向量，这个过程实现了图像的展平。

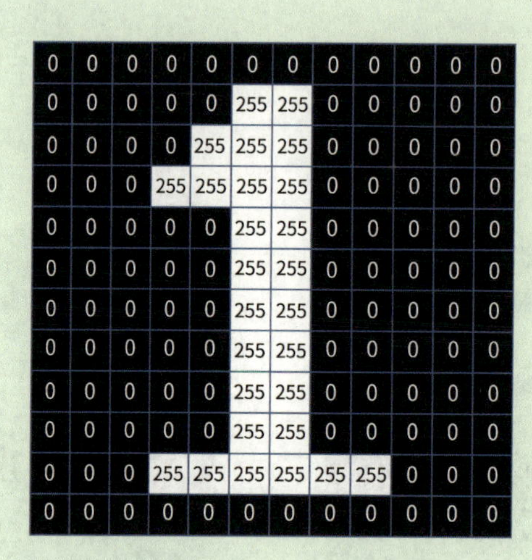

0	0	0	0	0	0	0	0	0	0	0	0
0	0	0	0	0	255	255	0	0	0	0	0
0	0	0	0	255	255	255	0	0	0	0	0
0	0	0	255	255	255	255	0	0	0	0	0
0	0	0	0	0	255	255	0	0	0	0	0
0	0	0	0	0	255	255	0	0	0	0	0
0	0	0	0	0	255	255	0	0	0	0	0
0	0	0	0	0	255	255	0	0	0	0	0
0	0	0	0	0	255	255	0	0	0	0	0
0	0	0	0	0	255	255	0	0	0	0	0
0	0	0	255	255	255	255	255	255	0	0	0
0	0	0	0	0	0	0	0	0	0	0	0

图 3-1-4　数字 1 图像对应矩阵

高维特征向量对应的特征空间无法完成可视化呈现，假定采用某种方法将高维特征向量映射为一个二维特征向量（需要注意的是这种映射方法并不是为了举例而捏造的，这种方法是存在的，由于变换关系较为复杂，此处不做扩展）。映射为二维特征向量后，分类模型与特征空间的关系如图 3-1-5 所示。

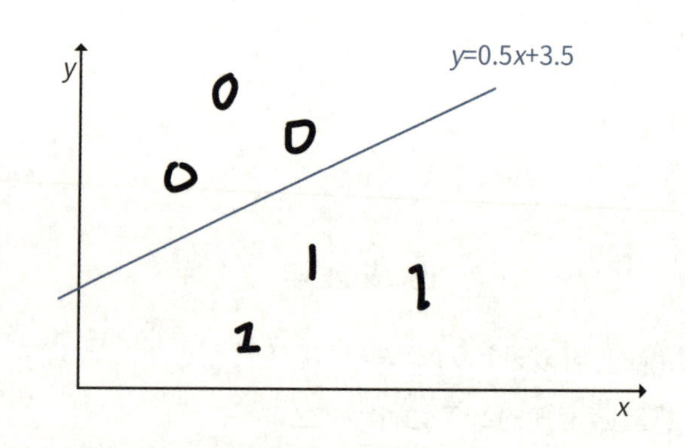

图 3-1-5　数据集与分类模型在二维空间中的表示

图中的直线是区分手写数字 0 与 1 的分类模型，即直线 $y=wx+b$，其中 w 与 b 为分类模型的参数，分别代表这条直线的斜率和截距。

传统分类算法中，训练分类模型通常使用手工设计的特征，如图像的方向梯度直方图等。这些设计的特征是对原始数据的一种抽象，可以辅助完成分类。深度神经网络不同于传统机器学习算法，在深度神经网络中不再需要手工设计特征。比如在图3－1－2的单层神经网络中，该网络有三个输入，分别为（x_1，x_2，x_3），有两个输出，分别为（y_1，y_2）；图中的6个连接线分别表示输入变量和输出变量之间的权重。在这里，可以将x_1和x_2看作平面直角坐标系中的横坐标和纵坐标；把x_3看作一种特殊的输入，该输入固定为1，x_3对应的权值称为截距，也称偏置项（在$y=wx+b$中，b表示函数在y轴上的截距，控制着函数偏离原点的距离，在神经网络中的偏置项也是类似作用）。

对于图3－1－2而言，其中权重$w_{1,1}$，$w_{1,2}$，$w_{1,3}$对应“手写数字0”的响应y_1；另一组权重$w_{2,1}$，$w_{2,2}$，$w_{2,3}$对应“手写数字1”的响应y_2。y_1和y_2的计算公式十分类似，不同的是各自对应的权重，y_1和y_2对应的权重没有依赖关系。

直观上，这个单层神经网络模型相当于把输入数据转化为在“手写数字0”和“手写数字1”上的响应。与方向梯度直方图类似，神经网络也是对原始数据的一种抽象。不同的是，方向梯度直方图是按照人为设计的算法进行特征提取，而单层神经网络依靠一组学习得到的权重进行特征提取。

单层神经网络的输出y_1和y_2同样可以通过softmax操作将y_1和y_2归一化。利用单层神经网络进行分类，与利用手工设计的图像特征进行分类有很多相似之处，不同之处在于不需要手工设计特征。

阅读拓展

人类神经元间的信号传导

成人的大脑中约有1000亿个神经元，人脑中的神经元结构如图3－1－6所示。一个神经元通常具有多个树突和一个轴突，树突用于接收传入的信号；

轴突尾端有许多轴突末梢，轴突末梢与其他神经元的树突连接，向其他神经元传递信号。

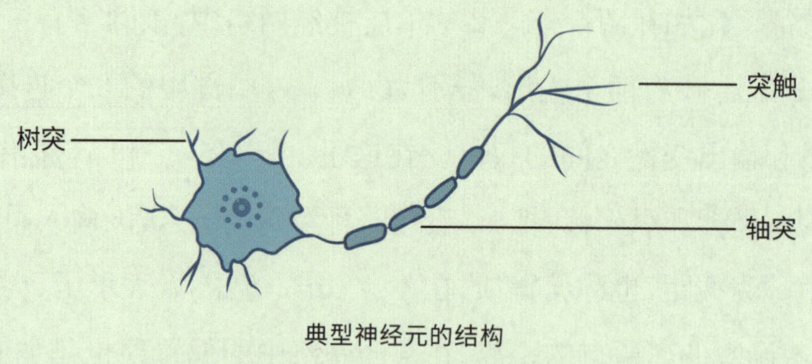

图 3-1-6 神经元的结构

实际上，不论是何种神经元都可以分为：接收区、触发区、传导区和输出区。两个神经元细胞中，前面的神经元细胞通过突触与后面神经元细胞的树突相连。当前面的神经元细胞受到刺激（即接收到信号）时，如果刺激超过一定阈值，神经元细胞就会兴奋从而发起一个神经冲动，并通过轴突释放神经递质信息给下一个神经元细胞的树突，完成信号传递。神经元细胞的工作机制，是按照“输入、阈值判断、静默或兴奋输出”的模式工作的。树突相当于神经元的输入，用于接收来自其他神经元细胞的信号；轴突相当于神经元的输出，图 3-1-7 展示了两个互相连接的神经元细胞。

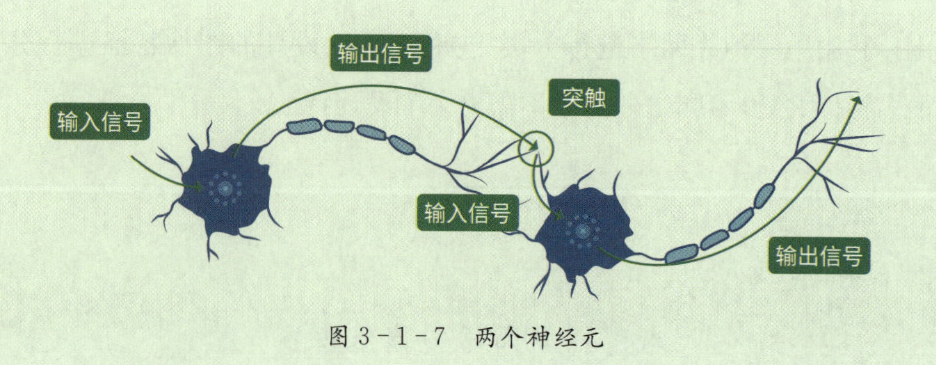

图 3-1-7 两个神经元

3.1.2　单层神经网络的优化

通常来说，神经网络的输入和输出是确定的，而权重是未知的。权重即神经网络中的参数。在手写数字 0 与 1 的分类任务中，输入是图像的特征，输出是图像为手写数字 0 的概率值与图像为手写数字 1 的概率值，参数是连接输入和输出的待学习的权重。分类问题可以转化为优化问题进行求解，同样的神经网络也可以通过优化的方法计算权重。

观察图 3－1－8 中的几条直线，其中哪条直线更适合作为区分手写数字 0 和手写数字 1 的分类模型呢？显然图中绿色的直线成功将手写数字 0 和手写数字 1 分离开，可以作为区分手写数字 0 和手写数字 1 的分类模型。那么，给定手写数字 0 和手写数字 1 训练数据，怎样得到分类模型呢？

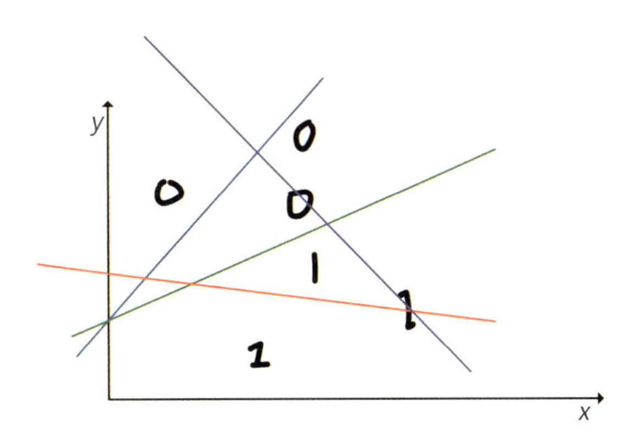

图 3－1－8　手写数字 0 与 1 的分类模型

实际上，确定分类模型就是求解神经网络的参数，即训练神经网络。神经网络的训练算法就是找到最佳的参数值，使得整个网络的预测效果最好。寻求最佳参数的过程是一个最优化问题，解决这类优化问题的常用算法是“梯度下降算法”。简而言之，梯度下降算法的核心思想是比较模型的预测值和真实值之间的误差，并利用误差来调整参数，使得参数调整后预测值和真实值之间的误差越来越小。图 3－1－9 中直观展示了应用梯度下降算法求解分类模型的过程。

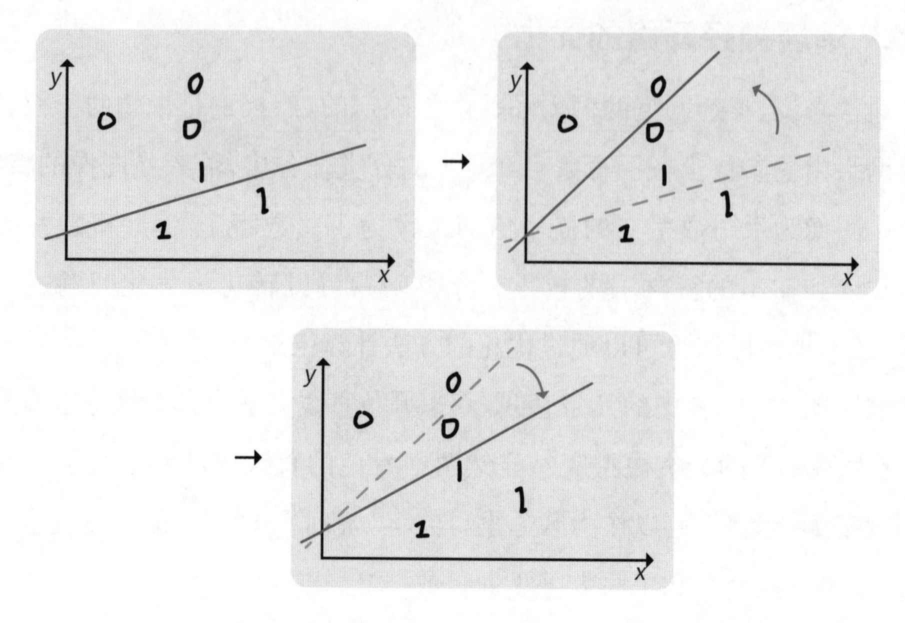

图 3-1-9　梯度下降算法训练分类模型的过程示意图

其中，左上图表示分类模型最初的随机状态；右上图和下图中的虚线表示尚未经过梯度调整的分类模型，实线表示一次梯度下降调整后的分类模型。可以看到，分类模型从最初随机的状态，经过几次梯度的调整，逐渐移动到一个较优的位置。

训练神经网络的标准是通过逐步修改权重参数，逐渐减小预测值和真实值之间的误差从而得到一个最优解。分类模型训练完成后可以用于预测新图像的类别，如图 3-1-10 所示。

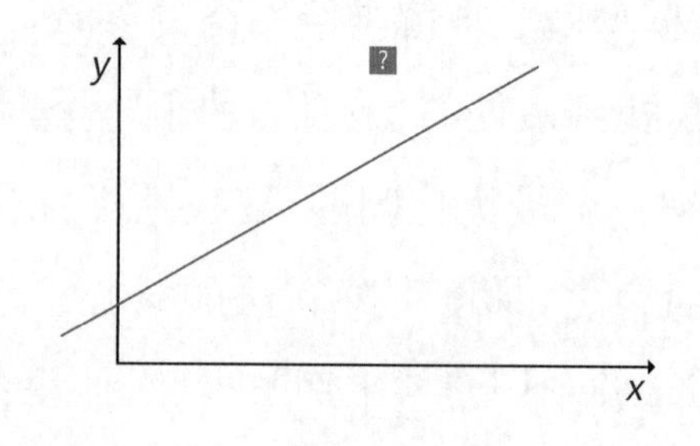

图 3-1-10　根据分类模型进行预测

3.1.3　单层神经网络的权值可视化

将图像直接展平作为神经网络的输入可以进行模型训练。对于一张分辨率为 28×28 的灰度图片，可以将它展平成一个 1×784 维的向量，如图 3-1-11 所示。

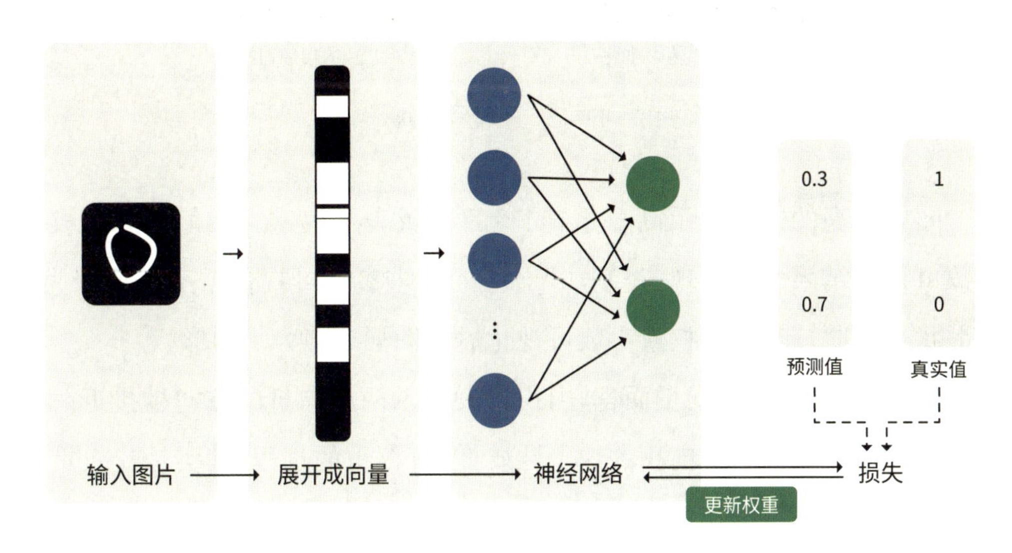

图 3-1-11　单层神经网络模型训练过程

神经网络的输入节点有 784 个，神经网络的输出节点有 2 个，神经网络的权重数量有 784×2 个。此时，输入带标签的图像数据就可以对神经网络进行训练。训练时，默认偏置项对应的输入节点会自动添加。

以手写数字 0 与 1 的图像作为输入可以训练得到一个二分类模型，在模型训练的过程中，通过不断地学习，可以得到分类效果最好的 784×2 个权重参数。

分别对与“手写数字 0”分类相关的权重参数和与“手写数字 1”分类相关的权重参数进行可视化，可视化结果如图 3-1-12 所示。对于类别“0”而言，即将与该类别相关的权重参数由 1×784 的向量转化为 28×28 的矩阵，然后将矩阵数据可视化为图像，即为图 3-1-12 中的左图。

类别“0”的权值可视化

类别“1”的权值可视化

图 3-1-12　权值可视化结果

图中明亮的区域表示高权重，阴暗的区域表示权重为负值。观察权重参数可视化结果可以发现，类别“0”对应的权重参数可视化后图形近似为 0 的形状，类别“1”对应的权重参数可视化后的图形近似为 1 的形状。

实际上，对于两个向量而言，内积越大表示两个向量的方向越接近。神经网络其实正是利用了内积的这个性质，求解权重的过程，其实是让权重去尽量匹配和输入数据相似的特征。

项目实施

用单层神经网络进行简单图形的分类

一、项目活动

准备手写数字的图像，训练一个单层神经网络，实现对手写数字不同类别的分类。测试分类模型，观察不同图像对应的输出结果，将分类模型中的权重参数可视化，并观察权重可视化的图像，认真体会神经网络的奥秘，并将学习的感受记录下来。

二、项目检查

各组体验基于单层神经网络手写数字分类模型训练的过程，尝试进行权重可视化，并进行成果展示。记录并提交你对权重可视化图像形状的理解以及对单层神经网络结构的理解。

练习与提升

假设对于图 3-1-2 中的单层神经网络，假设经训练模型参数为 $(w_{11}, w_{12}, w_{13}, w_{21}, w_{22}, w_{23}) = (0.6, 0.9, -0.5, 0.2, 0.5, -0.1)$，现有输入数据 $(x_1, x_2, x_3) = (0.8, 0.3, 1)$，请计算输出 y_1，y_2 分别为多少？

* 3.2　多层神经网络

学习目标

- 理解激活函数对于多层神经网络的重要性;
- 能够应用激活函数设计多层神经网络解决异或问题。

体验与探索

单层神经网络能解决所有分类问题吗？

铭铭学习单层神经网络后，开始对联结学派的人工神经网络算法发展进行深入探索。在研究的过程中，铭铭发现人工智能科学家们发明了多层神经网络解决更复杂的分类问题，多层神经网络的结构如图 3-2-1 所示。

但是在 1969 年前后，著名的人工智能科学家马文·明斯基(Marvin Minsky)等人发现仅仅增加人工神经网络层数，无法解决异或问题。如图 3-2-2 所示，其中橙色点为一类，蓝色点为一类，异或问题就是找到一条直线把两类数据分开。

思考　1. 是否可以找到一条直线将图中两类数据点成功分开?

2. 试猜想如何操作可以增加单层神经网络的学习能力?

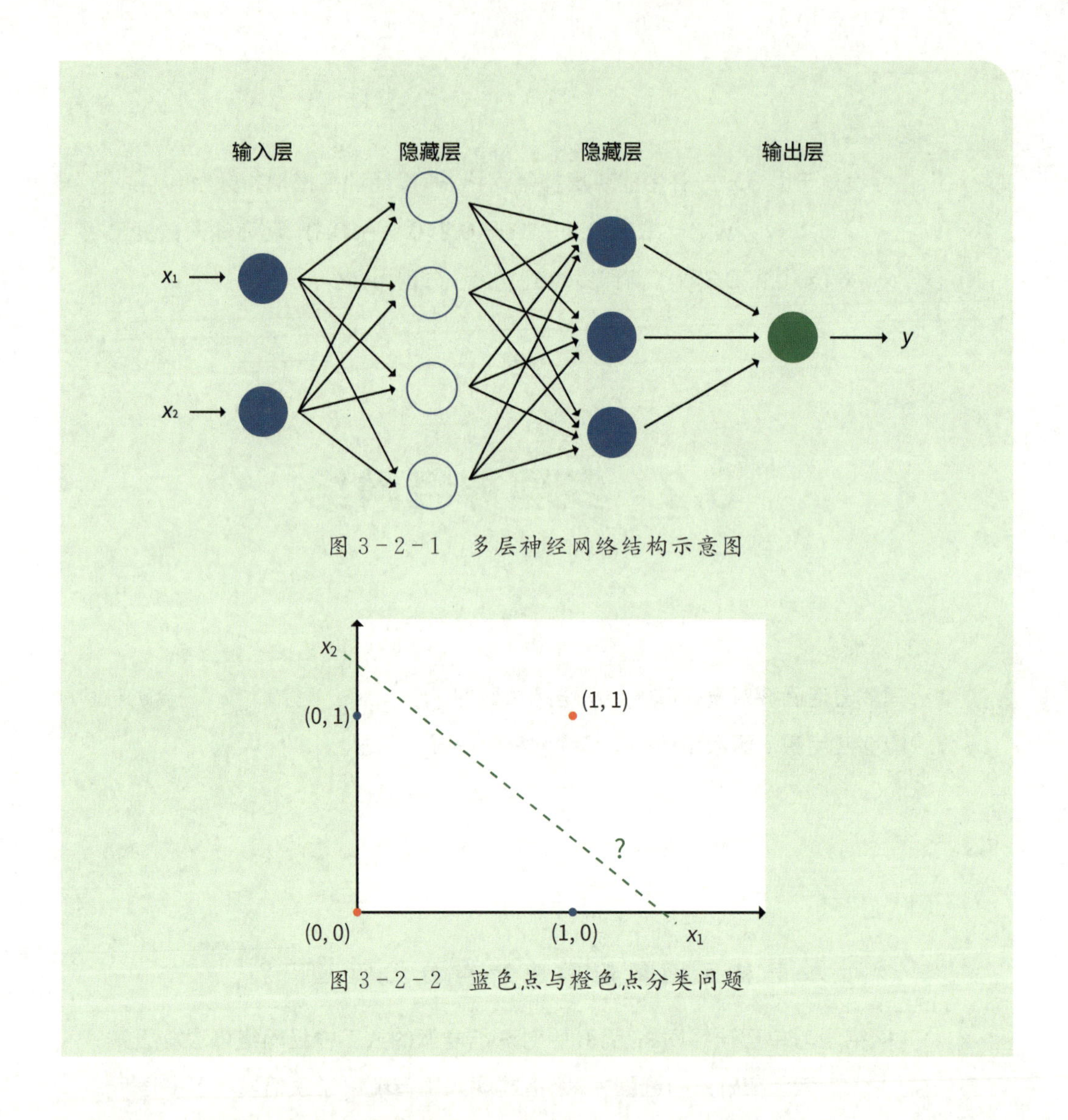

图 3-2-1 多层神经网络结构示意图

图 3-2-2 蓝色点与橙色点分类问题

* 3.2.1 多层神经网络结构

“大家一起来找茬”是一个经典的游戏,玩家通过比较两张图片,找出两张图片的不同。假定现有两张图片,如果图片完全相同,将相同的图片归为一类,记为 0;如果两张图片中存在不同的地方,将不同的图片归为另一类,记为 1,如图 3-2-3 所示。

这个问题对应了数学中的一种逻辑函数——异或函数。异或函数可以概括为:给定两个输入 x_1, x_2,它们的可能取值为 0 或 1,当 x_1, x_2 取值不

图 3-2-3　相同与不同的比较

同时,结果为真(真使用 1 来表示);当 x_1, x_2 的取值相同,结果为假(假使用 0 来表示),如图 3-2-4 所示,图中显示了异或函数的真值表以及根据真值表可以在二维的平面上画出对应的点。

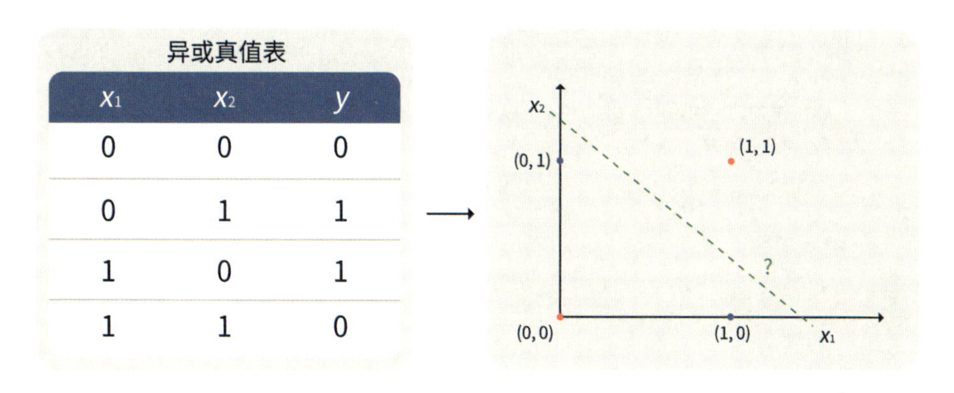

异或真值表

x_1	x_2	y
0	0	0
0	1	1
1	0	1
1	1	0

图 3-2-4　异或问题可视化表达

图中两个橙色的点代表输出值为假,两个蓝色的点代表输出值为真。可以发现,仅依靠一条线性的直线,无法将它们分成 2 个类。单层神经网络模型的本质是一个线性函数,这意味着单层神经网络只能用来拟合一些线性的问题。实际上,除了异或问题,生活中的很多分类问题都难以依靠一个线性函数来实现。

考虑到单层神经网络表达能力的局限性,一个自然的解决思路是增加网络的层数。实际上,线性神经网络即使叠加很多层依然属于一个线性操作，效果等价于只有一层的神经网络。为了通过增加网络层数来增强网络的表达能力，需要引入非线性的激活函数，例如 Sigmoid 函数。

阅读拓展

常见的激活函数

早期神经网络中最常用的非线性的激活函数有 Sigmoid 函数和 Tanh 函数，它们的函数曲线形似英文字母 S，常被称为 S 型函数。

Sigmoid 函数可以将实数值“挤压”到(0, 1)区间内，函数表达式与图像如图 3-2-5 所示。当输入值为 0 时，输出值为 0.5；当输入值是一个很大的正数时，输出值逼近于 1；当输入值是一个很小的负数时，输出值逼近于 0。

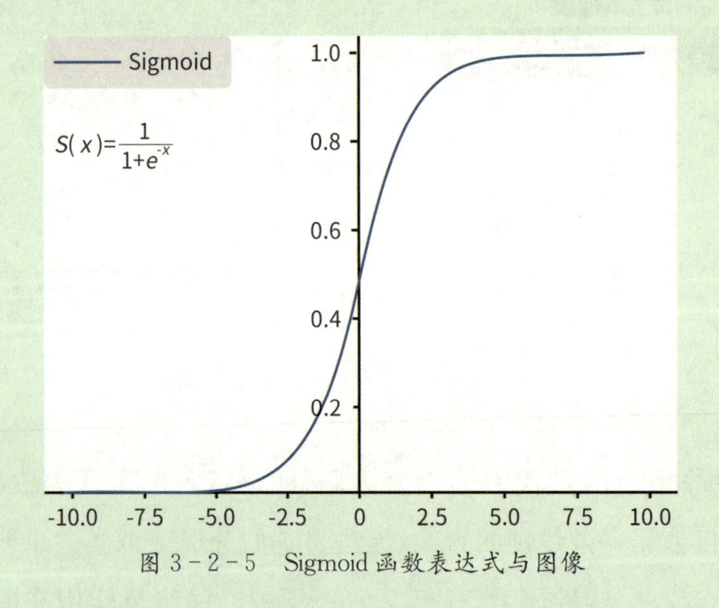

图 3-2-5　Sigmoid 函数表达式与图像

Tanh 函数又叫双曲正切函数，函数表达式与图像如图 3-2-6 所示。函数将输出限定在(−1, 1)区间内，当输入值为 0 时，输出值也为 0。

此外还有一个常用的激活函数，ReLU 函数，它的函数表达式与图像如图 3-2-7 所示。

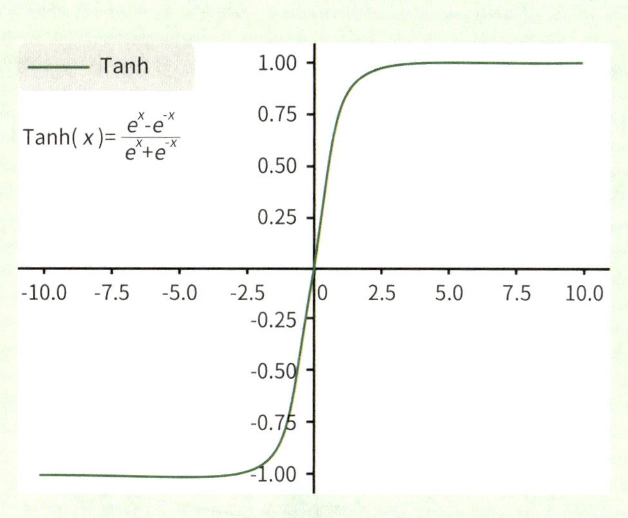

图 3-2-6　双曲正切函数表达式与图像

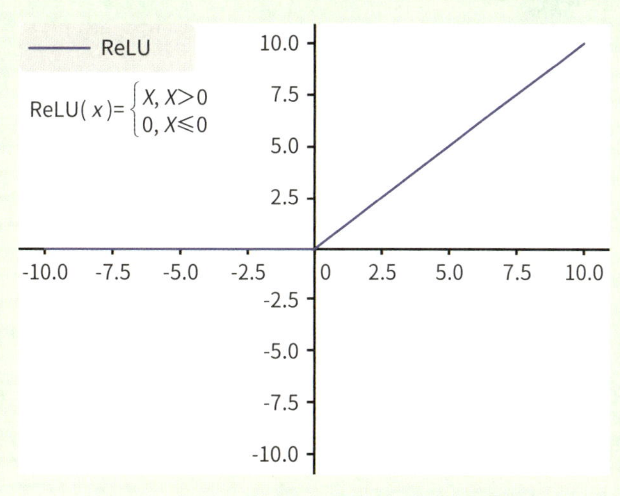

图 3-2-7　ReLU 函数表达式与图像

相较于 Sigmoid 函数和 Tanh 函数，ReLU 函数不容易丢失梯度，此处不做过多解释，只需知道目前 ReLU 广泛应用于多层神经网络。

生物学研究表明，人类神经元不会传递微小的输入信号，只有在信号大于阈值时，才会进行信号传递。激活函数模拟了神经元的这个性质：当输入信号超过某一阈值时才会激活输出。激活函数可以理解为让人工神经网络的输出和大脑中神经元的反应更加相似。数学上，激活函数表示了上层节点的输出和下层节点的输入之间的函数关系。增加非线性的激活函数，神经网络不再是针对输入的线性组合。类似图 3-2-8 这样具有多个网络层的神经网络被称为多层神经网络。

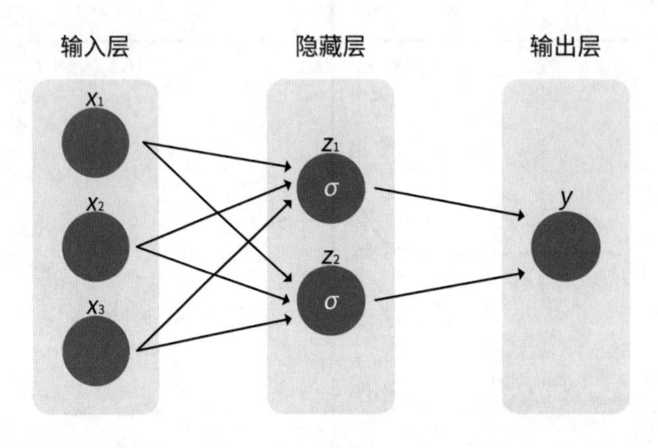

图 3-2-8　增加一个隐藏层的多层神经网络

在网络结构上，多层神经网络分为输入层、隐藏层和输出层。输入层的每个神经元对应不同维度的输入数据；输出层的神经元对应一个或多个目标变量；在输入层和输出层之间是隐藏层，隐藏层的层数和每层神经元个数决定了神经网络的复杂度。σ 表示激活函数，通过激活函数使得上层节点的输出经过非线性变换后作为下层节点的输入。两个相邻层之间的每个神经元互相连接，因此又被称为全连接层。对于人工神经网络的使用者而言，只需要定义神经网络的结构，神经元之间连接的权重在训练的过程中得到。

通常，将神经网络每个隐藏层的节点数目称为神经网络的"宽度"，把神经网络隐藏层层数称为神经网络的"深度"。一般来说，神经网络越宽或者越深，拟合能力就越强。那是不是可以无限制地加宽或者加深神经网络呢？显然，并不是。在数据有限的情况下，神经网络的表达能力越强，越容易出现过拟合的现象。另外，当神经网络过深时，也会造成训练难以收敛的问题。不管神经网络的规模如何，它们的训练过程和单层神经网络是类似的，也是通过梯度下降算法逐步优化从而得到权重参数。

* 3.2.2　用多层神经网络实现异或计算

图 3-2-9 中构造了一种可以实现异或计算的两层神经网络。

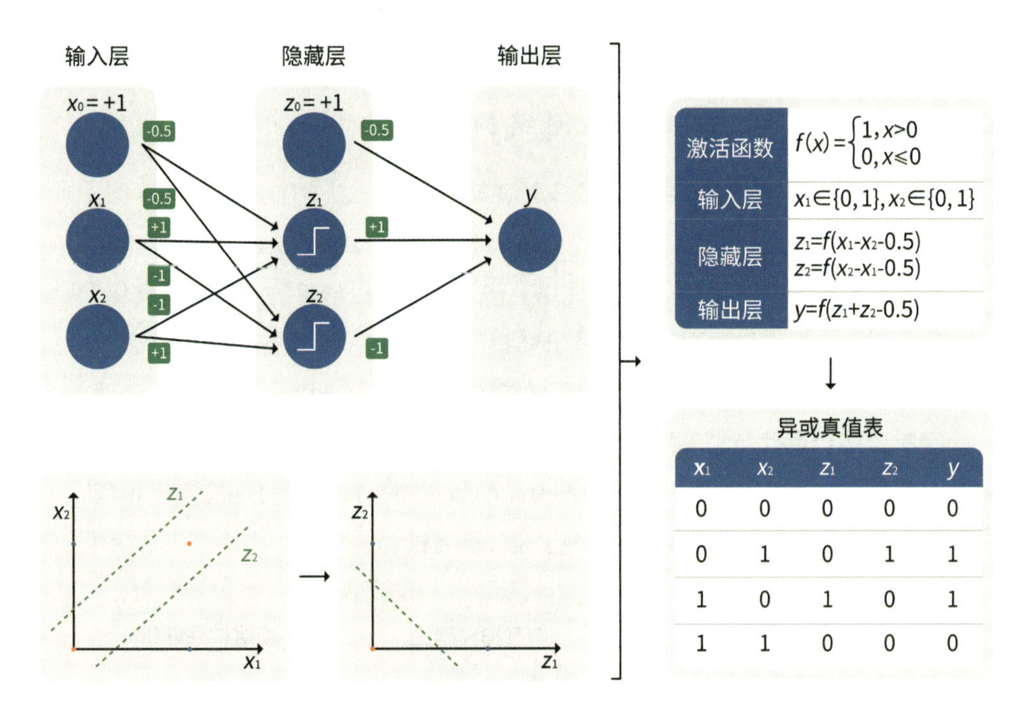

图 3-2-9　解决异或问题的两层神经网络

以输入数据 $(x_1, x_2)=(1,1)$ 为例，根据 $z_1=f(x_1-x_2-0.5)$，z_1 计算过程如下：

$$\because x_1-x_2-0.5=1-1-0.5=-0.5<0$$

$$\because f(x)=\begin{cases}1, & x>0\\ 0, & x\leqslant 0\end{cases}$$

$$\therefore z_1=f(x_1-x_2-0.5)=f(-0.5)=0$$

同理，$z_2=0$。由此可知 $y=f(z_1+z_2-0.5)=f(-0.5)=0$。通过

转换可以发现,第一层神经网络相当于对输入数据进行了一次变换,将原来线性不可分的点重新映射到了另一个位置,这样第二层神经网络就可以很容易地将它们分开了。检查真值表可以发现这个神经网络解决了异或分类问题。

阅读拓展

深度神经网络的发展历程

人工神经网络的发展经历了3次浪潮,如图3-2-10所示。1957年,康奈尔大学心理研究学家弗兰克·罗森布拉特(Frank Rosenblatt)提出了著名的感知器模型,即单层神经网络。作为首个可以学习的人工神经网络,它引发了人们的无限遐想。但是研究者们很快发现,单层神经网络的表达能力比较局限。1969年,麻省理工学院的教授马文·明斯基从数学上证明了单层神经网络无法解决异或问题,人工神经网络的研究跌入了低谷。1986年,杰弗里·辛顿(Geoffrey Hinton)等人将反向传播算法应用于多层神经网络,为神经网络的繁荣打下了坚实的基础。

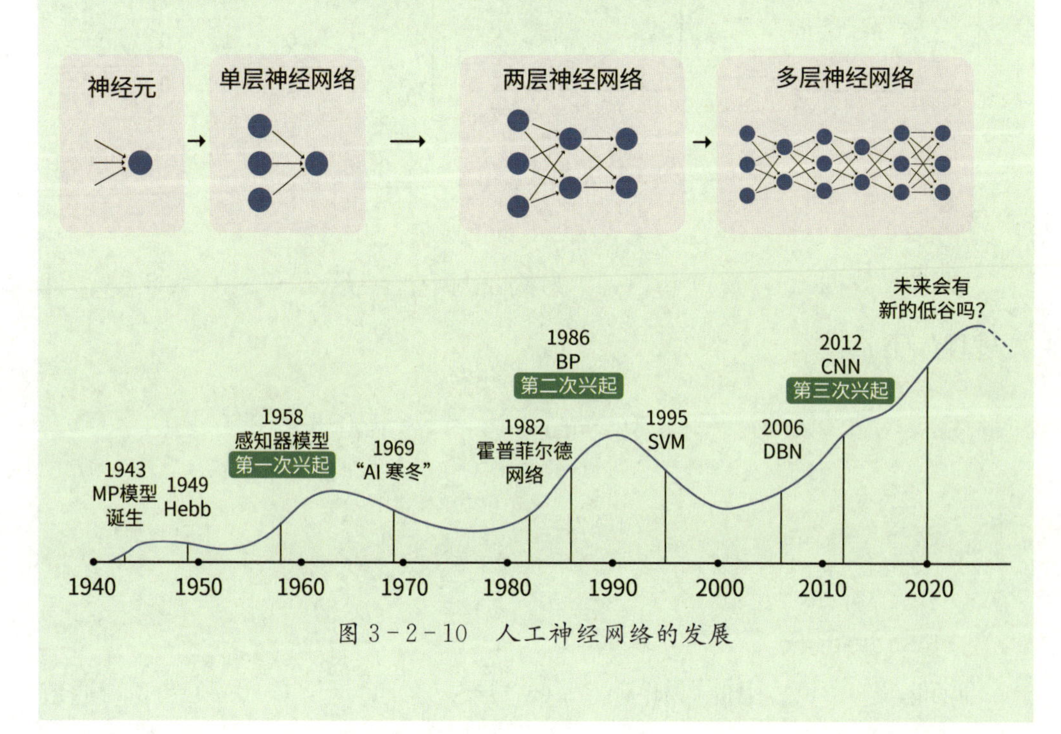

图3-2-10 人工神经网络的发展

1995 年，支持向量机(SVM)使得人工神经网络再次跌入低谷。一方面，神经网络需要调节参数，且缺乏理论基础为指导；另一方面，神经网络依赖的反向传播算法，对于浅层的神经网络比较有效，但是当网络深度增大时，会有梯度消失或者爆炸的问题，使得网络参数无法学习。而支持向量机以统计学理论为基础，绕开了神经网络的问题，一举取代神经网络成为机器学习领域的主流算法。

直至 2006 年，在杰弗里・辛顿的推动下，人工神经网络在语音识别方面取得了巨大突破。2012 年，杰弗里・辛顿的团队利用人工神经网络在图像识别竞赛(ImageNet)中将识别错误率下降了 15.3%。自此之后，深度学习在计算机领域掀起了巨大的浪潮，许多研究者纷纷投身深度学习的研究，并把图像识别、人脸识别等问题一次次推向新的高度，人工神经网络的研究浪潮再次被掀起。

2016 年 3 月，谷歌旗下 DeepMind 研发的人工智能围棋程序 AlphaGo 以 4 胜 1 负战胜世界冠军韩国职业棋手李世石，使得深度学习走进大众视野。

总体而言，深度学习的再次繁荣离不开三个重要的因素：更丰富的数据，更强大的算力和更有效的算法。

项目实施

训练多层神经网络解决异或问题

一、项目活动

为多层神经网络设计激活函数，编写程序通过修改多层神经网络的权重，使得多层神经网络可以处理异或问题。

二、项目检查

各组完成多层神经网络的设计与训练，并进行成果展示。

练习与提升

1. 多层神经网络与单层神经网络在网络结构上有什么区别?
2. Sigmoid 函数、Tanh 函数、ReLU 函数是三种常用的激活函数，假如现有三个输入数据分别为 $x_1=-10$, $x_2=0$, $x_3=5$，试计算经过三个激活函数激活后的值。

3.3 卷积神经网络

学习目标

- 知道卷积神经网络的特点；
- 了解卷积神经网络的网络结构；
- 能够训练简单的卷积神经网络分类模型。

体验与探索

多层神经网络适用于所有的问题吗？

通过研究神经网络，铭铭发现，虽然利用多层神经网络能够解决许多实际问题，但是训练多层神经网络分类模型时，需要占用很多的内存资源，训练过程需要很长时间。以一个 12×12 的图像为例，构建一个多层神经网络模型，判断输入图像是 0 还是 1，如图 3-3-1 所示。

在网络模型的输入层共有 $12\times12=144$ 个节点，最终的输出为图像为 0 或 1 的概率大小。

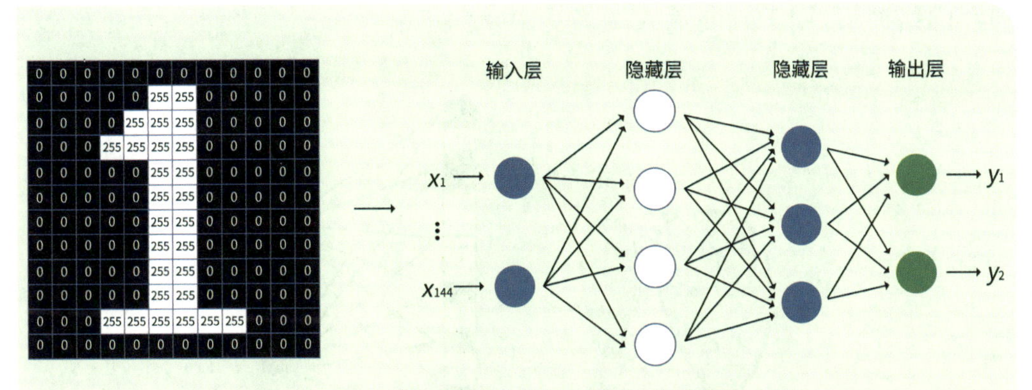

图 3-3-1　输入图像为 12×12 的多层神经网络

思考　1. 以图中网络模型为例，输入层到第一个隐藏层共有多少个待学习的权重参数？

2. 说一说为什么多层神经网络模型的训练会消耗很多的内存资源且训练过程需要很长时间？

3.3.1　全连接层到卷积层

多层神经网络中，两个网络层之间是全连接的，即后一层的每一个神经元都与前一层的每个神经元相连接。后一层每个神经元的输入由前一层所有神经元经过线性运算和非线性激活函数而得到。

应用多层神经网络进行图像分类，假设输入图像的分辨率为 12×12 的灰度图，图像展平后变成一个 1×144 的向量，向量中的每个元素代表图片上特定位置的一个像素值。假定神经网络第一隐藏层的输出节点是 2 个，那么仅第一层的参数就有 144×2=288 个。如果图片分辨率变为 32×32 的灰度图，第一隐藏层输出节点为 128 个，那么仅第一层的参数就有 1 024×128=131 072 个。而 32×32 的灰度图的清晰度很低，如果图片分辨率继续变大，那么需要的参数也会随之呈平方增长。

为了实现图像分类，真的需要这么多参数吗？假设现在训练一个单层神经网络模型,用于判断输入图像为眼镜的可能性大小,如图 3-3-2 所示。

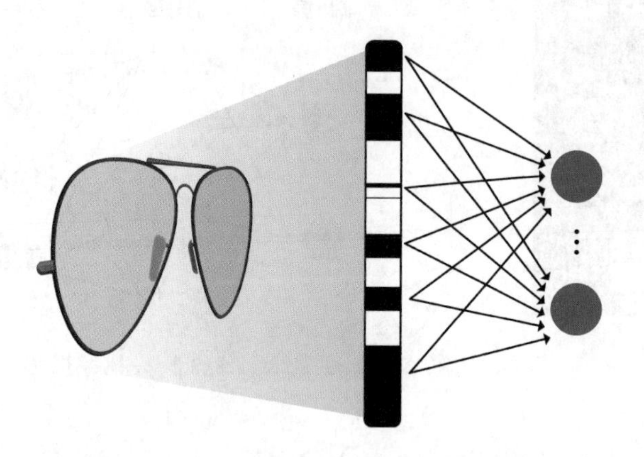

图 3-3-2 眼镜分类的深度神经网络

在第一节应用单层神经网络进行手写数字 0 与 1 分类的任务中,与类别 0 相关的权重参数可视化的图形接近“0”的形状。图 3-3-2 的眼镜图像中包含两个类似圆形的区域,由此可以推断,通过训练得到的权重参数可视化后会有两个地方出现圆形。这两个圆形十分相似,可以使用同一个圆形模板来替代,从而减少冗余参数。

既然全连接层(即层与层间的每个节点都连接)的权重存在冗余,那么能否对全连接层进行适当的“裁剪”来减小冗余呢?以圆形作为模版图形,可以识别图像中的圆形,对于一张图像,使用圆形模版扫描整张图像,那么图像中出现圆形的地方就会产生响应。以识别图像中是否包含眼镜为例,如图 3-3-3 所示,使用圆形模版扫描整张图像,如果图像中存在眼镜,镜片

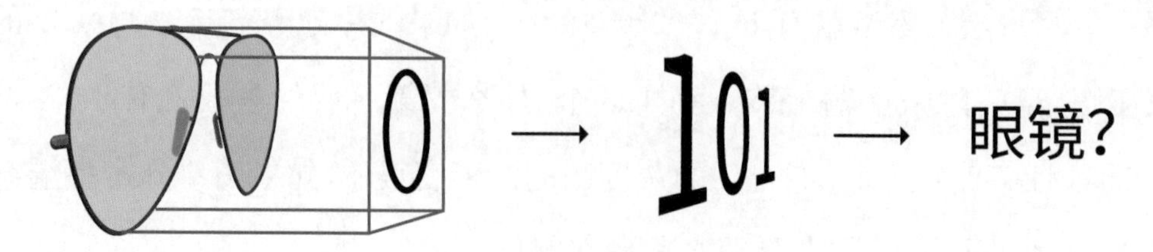

图 3-3-3 卷积神经网络的原理

会匹配到圆形的模版，产生两个为 1 的响应。中间的镜架与圆形模版不匹配，产生的响应为 0。最终，从左至右扫描完眼镜图片后，会形成一个“101”的特征响应（上述过程是一个为了清晰描述原理的示例，真实情况要复杂得多）。

通过上述操作，眼镜被圆形模版降维成了一个“101”的三维向量。由此，对眼镜图像的识别转换为两个步骤：

首先，使用一个圆形模版进行扫描；

然后，判断扫描后得到的特征是否和“101”这个三维向量接近。

如果扫描后的特征与“101”接近则表示图像中存在眼镜，否则表示图像中可能没有眼镜。类似于这样“裁剪”后的全连接层称为“卷积层”，把带有卷积层的神经网络称为卷积神经网络。这里的模版可以用于判定图像中是否包含“圆形”这种特定的视觉特征，相当于一个卷积核，这就是卷积神经网络的基本原理。网络结构中的卷积核通过学习得到，模型的输入数据与卷积核进行卷积运算，如果图像中存在某些特定视觉特征时就会被激活。

对于更复杂的物体，卷积神经网络也是这样逐层地抽取图片中所蕴含的语义信息。当然，只用一个卷积核是不够的。例如，眼镜和自行车图像在结构上都有两个圆形，经过上述的卷积运算后可能产生类似的响应。因此，需要更多的卷积核来抽取更加丰富的语义信息。例如，部分卷积核偏重提取图像的形状特征，部分偏重提取图像的颜色特征。

除此之外，在全连接的多层神经网络模型中，每个权重参数对应着原始图像特定位置的像素值，如果对输入的图像进行轻微平移，那么每个权重参数与原本对应的像素会发生错位，这会损害图像识别的准确率。卷积神经网络可以解决这个问题。图 3 - 3 - 4 中展示了全连接的多层神经网络与卷积神经网络的对比。

卷积神经网络中的卷积运算和本册第一章所学的卷积运算相同。在卷积神经网络中，卷积核不是人工设计的，卷积核的参数是通过卷积神经网络自动学习得到的，仅需要人工指定卷积核的大小即可。

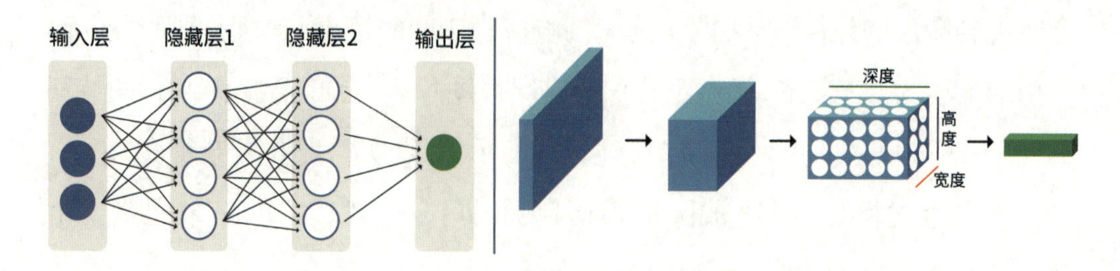

图 3－3－4　全连接的多层神经网络与卷积神经网络对比图

阅读拓展

视觉皮层的分级处理机制

生物学研究表明，每个神经元对外界的感知并非是全局的。以视觉系统为例，1981 年的诺贝尔医学奖的研究表明，视觉系统的信息处理在视觉皮层是分级的。视网膜得到原始信息后，首先，由初级视觉皮层初步处理得到边缘和方向等特征信息；然后，经由第二级视觉皮层进一步抽象得到轮廓和形状等特征信息，如此不断迭代、不断抽象。

受到生物学的研究启发，仿照人类由低层到高层逐层迭代、抽象的视觉信息处理机理，提出了卷积神经网络。卷积神经网络的卷积层可以被认为是视觉皮层的不同层级，低层的输出作为高层的输入，原始图像在经过多层卷积层的抽象之后，得到具有语义信息的特征，最后得到精细的分类。

3.3.2　卷积层的特点

卷积层解决了全连接层参数冗余、对平移敏感等问题。相比于全连接层，卷积层有 3 个优点：

(1) 局部连接。卷积层内每个神经元都与前一层中位置接近的区域的多个神经元相连，这个区域的大小人为指定，用来描述神经元对前一层的感知范围。如图 3－3－5 所示，图中 32×32 的 3 通道为原始图像(即蓝色立方体)，5×5×3 的绿色立方体是一个卷积核，相当于过滤器，经过卷积运算，将得到一个深度为 1 尺寸为 28 × 28 的特征图。

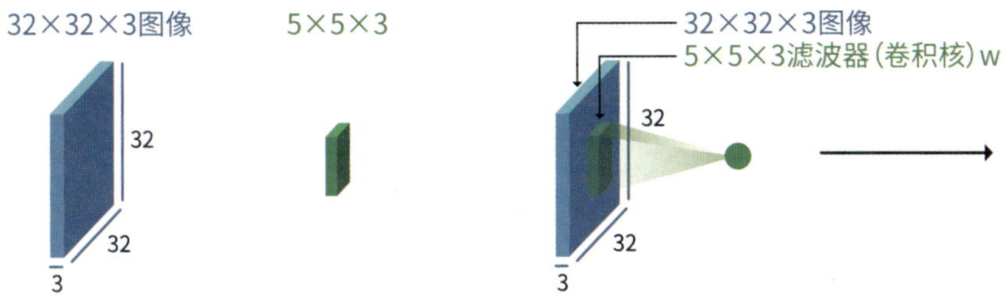

32×32×3图像　5×5×3　32×32×3图像　5×5×3滤波器(卷积核)w

32　32　3　32　32　3　28　28　1

图 3-3-5　原始图像经过滤波器处理过程

图中后一层每个神经元的值是由前一层部分区域与卷积核进行卷积运算得到的。在大多数图像中，距离相近的像素联系较为紧密，而距离较远的像素相关性较弱，卷积操作很好地利用了这一特点。与全连接相比，局部连接更符合视觉皮层细胞的工作方式，也大大减少了参数的数量。

(2) 权重共享。在一张图片上，不同位置常常会出现相似的特征，比如图 3-3-2 中眼镜的两个镜框，它们出现在图像上的不同位置，但是可以用相同的卷积核来提取它们的特征，这就是卷积层的权重共享。这不仅保留了图像的空间信息，也节省了需要学习的参数数量。

(3) 平移不变性。自然图像中的物体具有局部不变性的特征：尺度缩放和平移等操作不会影响图像的语义信息。如图 3-3-6 所示，将某个眼镜图像小范围地左右移动或者放大缩小，人依旧可以轻松确定这是一副眼镜。

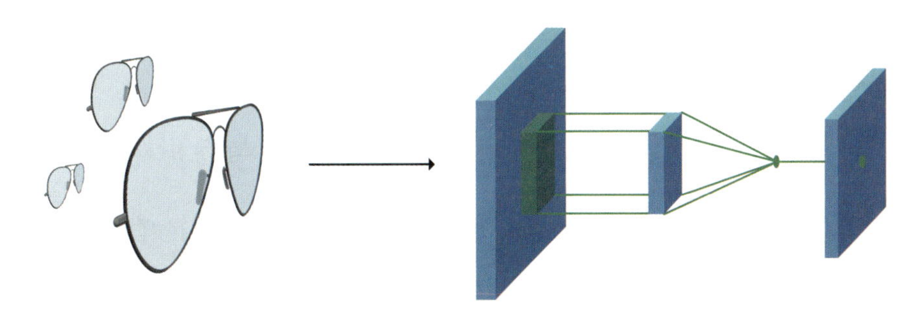

图 3-3-6　正确分类放大缩小的眼镜

由于卷积运算是基于局部区域，并不会改变物体在空间上的关系，因此卷积具有良好的平移不变性。

卷积核大小、步长和填充三者共同决定了卷积层输出特征图的尺寸。这几个参数，如图 3-3-7 所示，通常由卷积神经网络的设计者来指定，卷积核中的权重即核中的值可以根据训练数据学习得到。

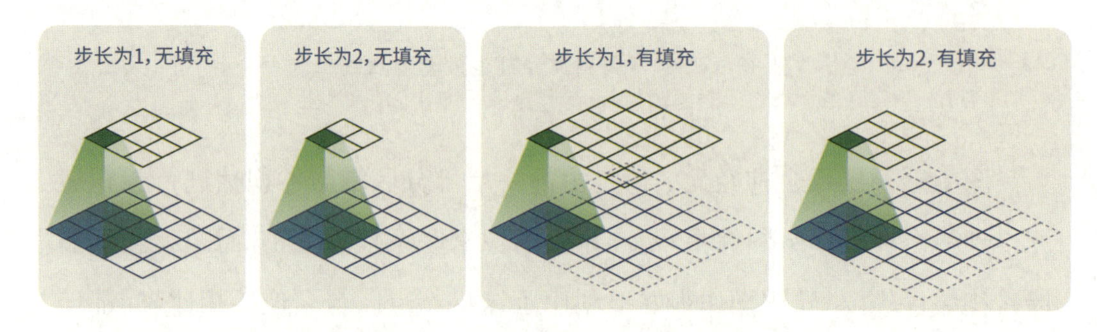

图 3-3-7　卷积核的大小、步长和填充

为了增强网络的表达能力，可以在卷积层后增加非线性激活函数，也可以增加卷积层的数目。随着卷积层的堆叠，特征图的尺寸会逐步减小。假设，输入图像的尺寸为 $W\times W$，卷积核的尺寸为 $F\times F$，步长为 S，填充的像素数为 P[($P=1$ 相当于给输入图像填充 1 个像素，填充后图像的尺寸为 $(W+1)\times(W+1)$]，输出图像的尺寸为 $N\times N$，那么 $N=\frac{W-F+2P}{S}+1$。图 3-3-7 左 1 图中，步长为 1、无填充，图像尺寸 5×5，卷积核尺寸 3×3，卷积运算得到的特征图尺寸是 $3\times3\left(N=\frac{W-F+2P}{S}+1=\frac{5-3+2\times0}{1}+1=3\right)$。通常，为了方便设计网络结构，在完成特征图与卷积核的卷积运算前，可以对特征图进行填充，通过人为增大尺寸的方式，来抵消卷积运算时尺寸减小的问题。

3.3.3　卷积神经网络的基本结构

通过卷积操作可以实现输入图像的特征抽取，但是经过卷积操作得到的特征图像，维数依然很高。为了更好地降低特征图像维数，研究者引入池化操作。

池化操作同样仿照了人的视觉系统，对输入图像进行抽象和降维。在视网膜中，局部的一个或多个感光细胞信号汇聚到一个双极细胞；一个或多个双极细胞的输出信号汇聚到一个神经节细胞。对于卷积神经网络而言，池化是指对图像的某一个区域用一个值代替，如最大值或平均值。池化操作一方面会不断减小数据空间的大小，参数的数量和计算量也随之下降；另一方面，池化操作使得模型更加关注是否出现某个特征，而非特征的精确位置，池化后特征之间的相对位置关系依旧存在。

池化操作需要人工指定池化核的尺寸、步长和填充；池化层计算方式是固定的，并不产生新的参数。图 3-3-8 展示了在一个 4×4 的图像上，采用 2×2 的池化核，以 2 为步长进行最大值池化的过程。

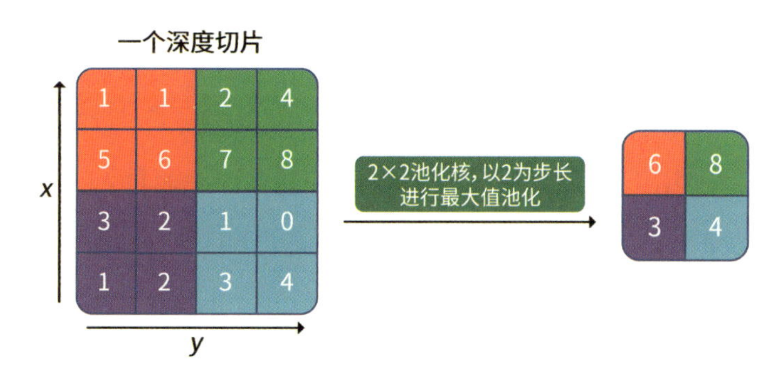

图 3-3-8　最大值池化计算示意图

池化核扫过 2×2 方格区域后使用这个区域中的最大值代表这个区域，经过池化操作后，4×4 的图像就被降维成了 2×2 的图像，池化操作并未改变橙绿紫蓝四个区域的相对关系。

与多层神经网络一样，非线性激活函数也是卷积网络中不可或缺的一个模块，在现代卷积神经网络中，常常用 ReLU 作为卷积层的激活函数。全连接层常用于卷积神经网络的输出端，用来将特征图转化为分类任务中不同类别的响应。这些层叠加起来，就构成了一个完整的卷积神经网络。图3－3－9中展示了一个经典的卷积神经网络LeNet－5，基于LeNet－5的手写数字识别系统在20世纪90年代被美国很多银行用于识别支票上面的手写数字。

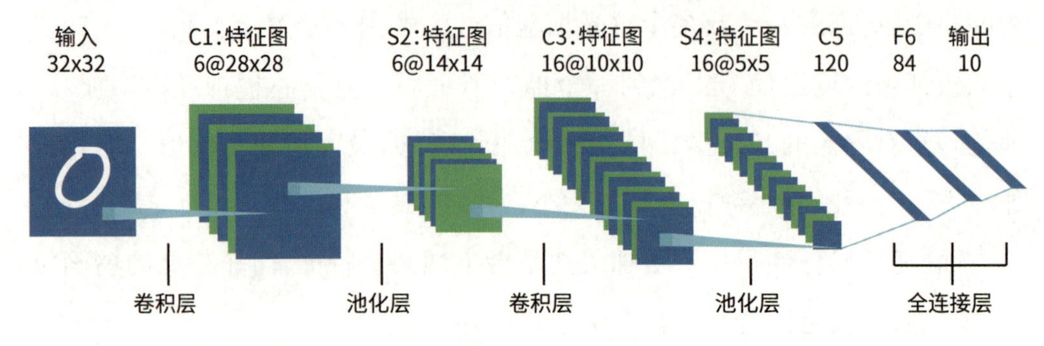

图3－3－9　经典的卷积神经网络LeNet－5网络结构图

LeNet－5共有7层，它的输入是32×32的灰度图像，经过卷积层C1后，得到6个28×28的特征图；这些特征图经过池化层S2后，变为6个14×14的特征图；接着，特征图依次经过卷积层C3、池化层S4和卷积层C5的处理，最终输出的是120个1×1的特征图；在这个特征图的后面有两个全连接层，最终实现将输入的图像映射为10个数字的分类类别，并输出对应类别的得分。

虽然卷积神经网络增加了很多精巧的设计，但它的训练方式与单层神经网络类似，也是利用梯度下降算法的原理，通过不断的学习迭代从而得到最优的参数值。

阅读拓展

常见的卷积神经网络

2012年，斯坦福大学的研究组发起了ImageNet图像识别挑战赛（即

ILSVRC)。为了应对大规模的图像识别挑战，世界上不同的研究机构相继推出了 AlexNet, VGGNet，GoogLeNet，ResNet 等深度卷积网络结构，这些深度卷积网络把 ImageNet 竞赛一次次推向新的高度。

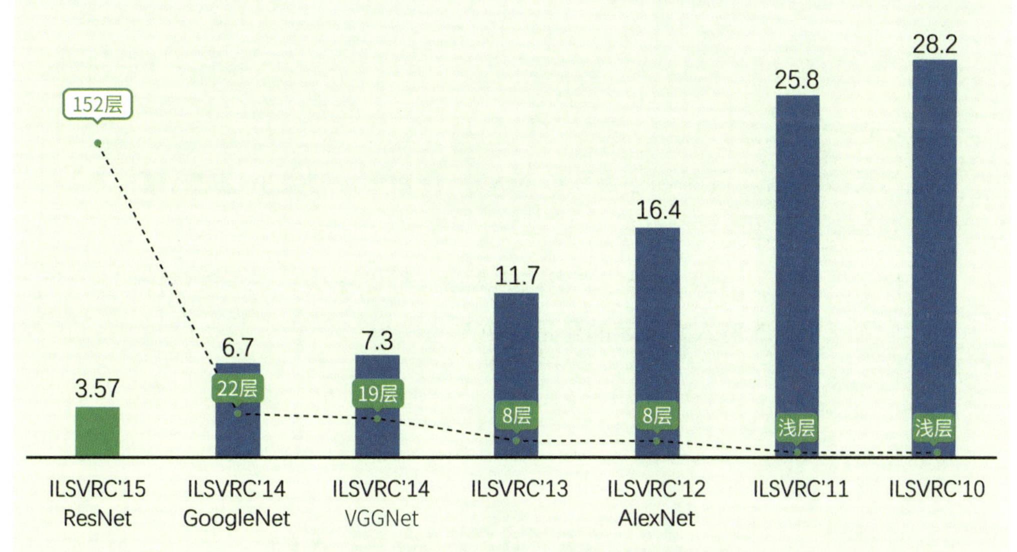

图 3-3-10　ILSVRC 历年模型误识率

在图像识别精度不断提高的同时，使用的卷积神经网络结构也越来越深，参数量也越来越大。从 2012 年 8 层的 AlexNet，发展到 2015 年 152 层 ResNet-152，堪称“深度”竞赛。

项目实施

用卷积神经网络进行手写数字的分类

一、项目活动

准备手写数字数据集，训练一个卷积神经网络模型，实现对 0～9 十个数字的分类。测试分类模型，观察不同手写数字图片对应的响应。尝试修改卷积层的通道数以及训练的迭代次数，提高分类模型在测试集上的准确率。

二、项目检查

各组完成对 0～9 十个数字进行分类的分类模型训练，并进行成果展示。

练习与提升

1. 采用数学公式，简单描述卷积核的大小、原始图像的大小、步长、填充方式与输出结果之间的关系。
2. 尝试根据学习探索，回答：卷积核的大小一般是多少？卷积层越深越好吗？卷积层的输入是固定的还是会变？

3.4 端到端的学习

学习目标

- 理解深度学习得到的特征比手工设计的特征更好；
- 理解端到端学习的优点与缺点。

体验与探索

为什么现代深度学习会有爆发式的发展呢？

近年来，深度学习在人脸识别和通用物体识别上相继超过了人类的性能，如图 3-4-1 所示。逐渐地，在更多领域，人们发现深度学习可以接近甚至超过人类的性能，这意味着深度学习可以在这些领域替代人类完成一些重复的工作。如同第一次工业革命中，蒸汽机的出现大大提高了生产力，人们认为，深度学习可能作为一种“新能源”，在很多领域引起变革。

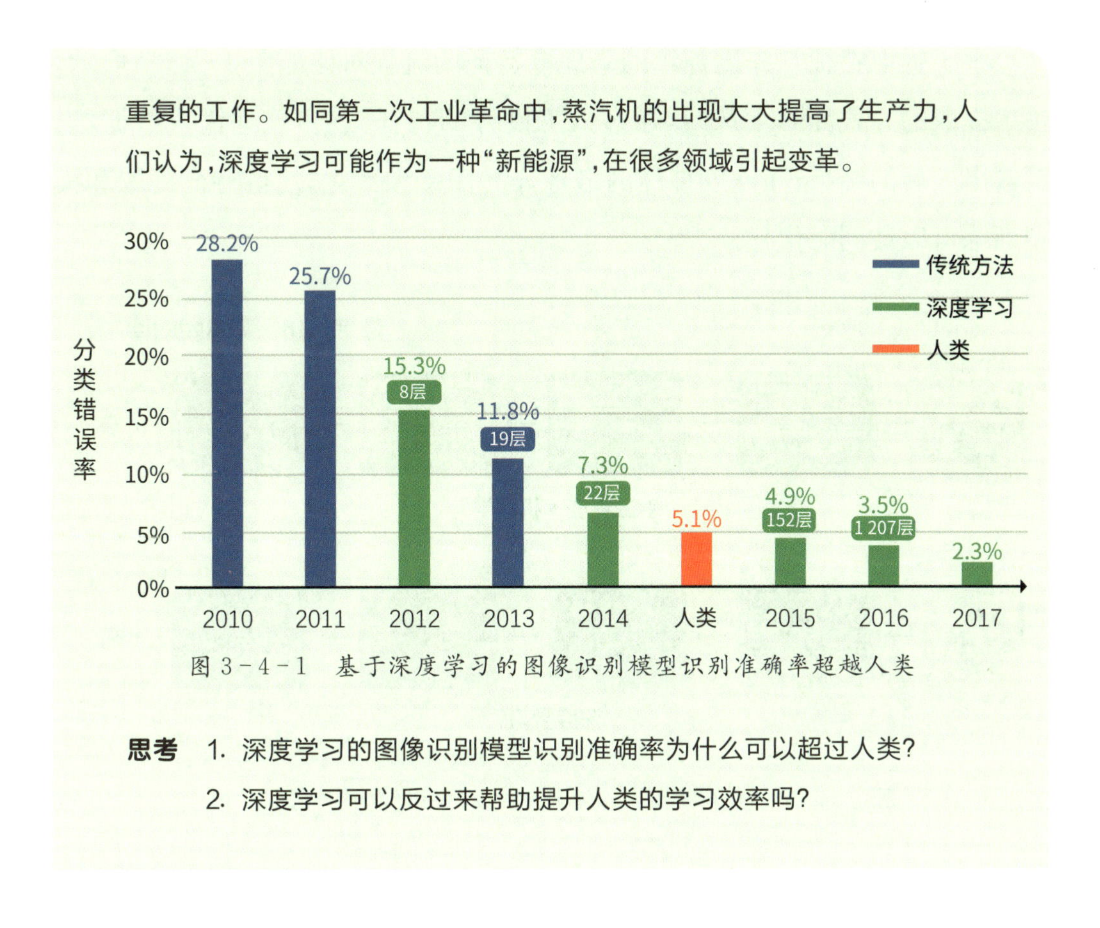

图 3-4-1　基于深度学习的图像识别模型识别准确率超越人类

思考　1. 深度学习的图像识别模型识别准确率为什么可以超过人类?

2. 深度学习可以反过来帮助提升人类的学习效率吗?

3.4.1　端到端学习方式

传统的计算机视觉方法常用精心设计的手工特征(如方向梯度直方图)描述图像。虽然经过人工抽象的特征可以使分类模型的学习更加容易，但同时也带来一些问题，比如：

(1) 手工设计的特征与分类模型的训练是分开进行的，手工设计的特征通常仅适用于某些分类场景，对于更多的场景并不适用，因此会出现分类准确率下降的情况。

(2) 特征提取是将高维的图像映射为低维的特征，手工提取的特征是固定的，可能产生误差或者信息丢失，这些丢失的信息会累加到分类模型上，造成模型分类性能下降。

手工提取特征与深度神经网络提取特征的流程对比如图 3-4-2 所示，手工提取的方式如同生产线，通过人工设计的特征，逐步处理输入数据，直至输出最后的结果；而深度神经网络将分类任务参数化，使得特征提取和模型训练可以被同时优化。

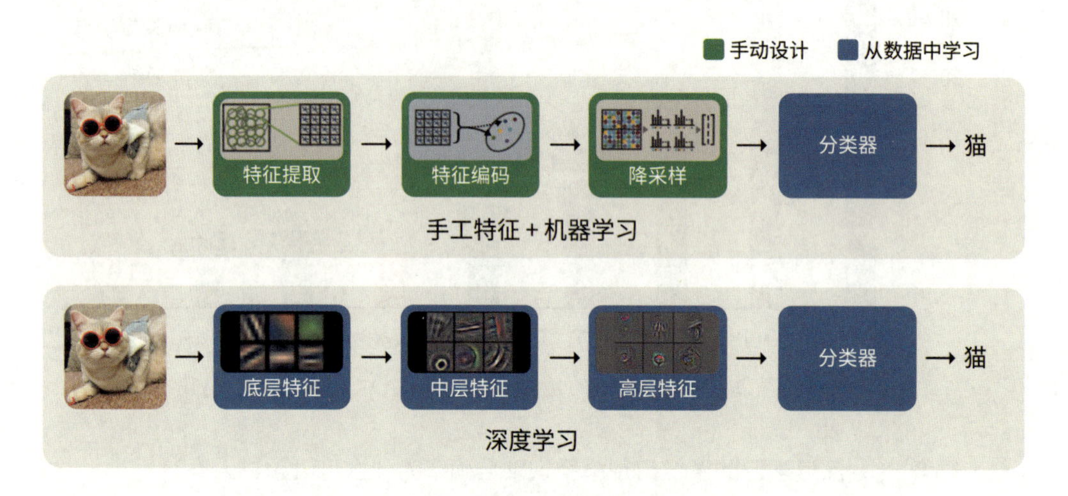

图 3-4-2　手工提取特征与深度神经网络提取特征流程对比

深度神经网络在学习的过程中，可以逐级自动学习图片的特征，并直接优化分类任务的总体目标，只需要人为定义深度神经网络的输入和输出，输入端输入原始数据，输出端输出预期的结果，中间过程不需要人为干预，类似这种学习方式称为“端到端学习”。

3.4.2　端到端学习的优缺点

由于学习的中间过程不需要人为干预，因此端到端学习会尽可能地将与识别目标相关的信息集成在特征里，而排出不必要的信息，这样可以得到更适合当前任务的特征。具体而言，每一层神经元会对输入数据进行特征提取并输出给后一层，后一层对传递来的各种特征再次进行提取归纳，然后继续向后传递。深度神经网络会根据预测值和真实值之间的损失，逐渐调整特征提取的过程。这种通过层级归纳的方式对所处理的原始数据往往具有很好的表征作用，相当于神经网络依据任务目标，对所处理的数据形成了自己的概念和理解。一般来说，靠近输入端的卷积层只看到输入图像的一个局部，学习到的是图像的细节特征，而靠近输出端的卷积层，可以感知到图像更宏观的区域，学习到的是图像的整体特征。

人类从经验中学习知识，经验越丰富，掌握的知识越多，深度学习也是如此。数据的数量和质量决定了深度神经网络可以学到的知识量。如图 3-4-3 所示，随着训练数据量的递增，深度神经网络的性能也会随之增加，这一点相比于传统的机器学习具有明显的优势。

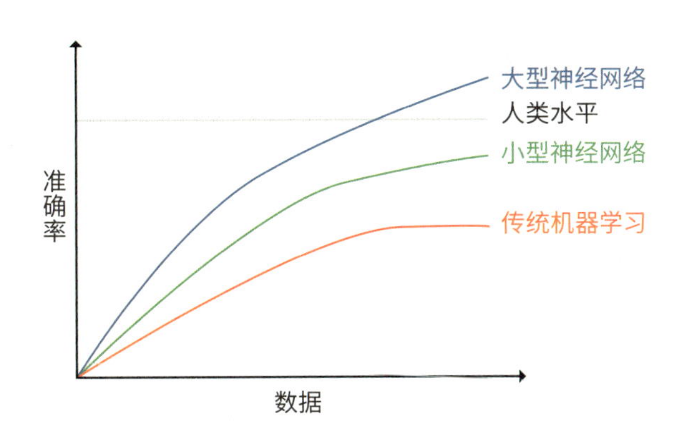

图 3-4-3　各类深度神经网络数据量与性能关系图

深度学习依赖于大量的数据，当训练数据不够丰富时，端到端的学习方式容易过拟合，导致无法学习到有效的特征表示。另一方面，虽然端到端学习有诸多优点，但因为端到端学习只关心输入和输出，中间的过程是一个黑盒，因此难以解释深度神经网络内部学到的东西。在解释深度学习模型为什么成功以及如何运作等方面，目前学界还处于较为初级的阶段，科学家们常常通过可视化特征图和权重等方式，解释深度神经网络的学习成果。

阅读拓展

端到端学习模式

端到端学习简洁高效，可以很好地处理很多任务。那么，所有的任务都适合使用端到端学习吗？以人脸识别为例，图 3－4－4 中展示了人脸识别的两种设计模式。

图 3－4－4　人脸识别的两种设计模式

第一种是端到端的人脸识别框架，它以一张图像作为输入，直接输出图像中所有人的身份信息。第二种模式包含两个过程，分别为人脸检测和人脸识别，通常先从一张图像中检测出所有的人脸，然后再判断每个人脸分别对应的身份信息。

虽然第一种设计模式看上去更加便捷，但是在现代的人脸识别系统中，广泛采用的是第二种设计模式。第二种设计模式有两个优点：将整个任务拆分成了两个子任务，任务实现难度更低，学习起来会更加容易；人脸检测和人脸识别分别拥有大量训练数据，可以分别训练得到更好的模型。

因此，在实际任务中，并不是所有情况都适合使用端到端学习，通常需要根据具体的情况，分析和解构问题，从而选择最合适的学习方式。

阅读拓展

端到端学习的技巧

端到端学习的中间过程是一个黑盒，很多人把深度神经网络的训练戏称为“炼丹”。训练时可以通过很多技巧去最大化训练效果，从而取得不错的精度，这些技巧也是训练深度神经网络不可或缺的一环。端到端学习有两个常用的技巧。

防止过拟合。在训练深度学习模型时，首先需要判断什么情况是因为出现了过拟合。在模型训练的过程中，有训练集和测试集，当模型在训练集上的性能远高于测试集上的性能时，我们认为模型被过拟合到了训练集上。过拟合意味着模型记住了训练样本，而不是学到了真正有用的知识。为了打破这种不好的固定记忆模式，研究者们提出使用 dropout 来防止过拟合。Dropout 是指在深度网络模型训练的过程中，按照一定概率将部分神经元暂时从网络中屏蔽，每一轮迭代训练都可能屏蔽不同的神经元，避免了只有特定一些神经元起作用而产生的过拟合。

数据增广。数据增广是深度学习中另一个常用的技巧，主要是指让数据集尽可能地多样化，使得训练的模型具有更强的泛化能力。图像方面，常用的数据增广方式包括对图像进行几何变换和色彩变换等。语音方面，常用的数据增广方式是对原有的语音数据进行音效变换、添加背景音乐、添加背景噪音等。

此外，研究者们不断提出新的训练技巧，使得深度学习的训练过程更加稳定，学习到的模型具有更好的泛化性和更高的准确率。

思考活动

端到端的方式设计深度神经网络结构

深度神经网络的结构、卷积核的尺寸等仍旧依赖人为设计,尝试根据对端到端学习方式的理解,思考:能否设计一种端到端的方式来获得深度神经网络结构?

项目实施

体验深度学习算法的特征提取能力大于传统机器学习算法

一、项目活动

准备动物图像数据集,分别采用传统机器学习算法(即手工特征+分类算法)与深度学习算法训练图像分类模型,实现至少三个类别动物的分类任务,并对比两种分类模型的准确率。

二、项目检查

准备数据集,采用两种方法训练动物图像的多分类模型,对比两个分类模型的准确率,并进行成果展示。

练习与提升

1. 如果出现过拟合,可以从哪几个角度进行改进?
2. 使用端到端学习有什么优缺点?

3.5　深度学习的应用与挑战

学习目标

- 知道深度学习在日常生活中的应用；
- 能够应用深度学习方法解决图像分类问题；
- 了解深度学习对数据和算力的需求，能够正确看待技术的两面性。

体验与探索

深度学习的应用领域

将深度学习应用于图像分类，这是最基础的图像理解任务，也是深度学习模型最先取得突破和实现大规模应用的领域，除此之外，深度学习还可以被用于解决很多领域的问题，比如语音识别、自然语言处理等。

在计算机视觉领域，人脸识别和场景识别都可以归为分类任务，除了图像分类任务，深度学习还被用于解决比如图像检测、图像分割、图像生成等图像理解类任务，如图 3－5－1 所示。

图像分类

图像检测

图像分割

图 3－5－1　深度学习在计算机视觉领域的其他应用

思考　1. 你认为深度学习可以用来解决什么问题？

2. 你认为深度学习会带来什么挑战？

3.5.1 图像检测和图像分割

一张图像中往往包含着多个物体，有时不仅想要知道图像中物体的类别，还想知道一些其他信息。比如，想知道图像中每个物体的位置信息，这是图像检测研究的内容。图像检测会输出每个待检测物体的矩形检测框的坐标和所属的类别。

更近一步，有时需要确定物体更精细的轮廓，这要求对图像上的物体进行像素级别的分类，这是图像分割研究的内容。图像分割会输出图像中每个像素所属的实例及类别，根据每个像素所属的实例，通常将它们用不同的颜色表示出来。

图像检测模型的网络由基础网络和头部网络构成，其中，图像检测的基础网络如图 3－5－2 所示，基础网络可以作为特征提取器，输出图像不同大小、不同抽象层次的表示。图像检测的头部网络如图 3－5－3 所示，头部网络根据基础网络提取的特征和监督信息去学习物体所属类别和位置信息。头部网络通常同时进行类别预测和矩形框位置回归两个任务。

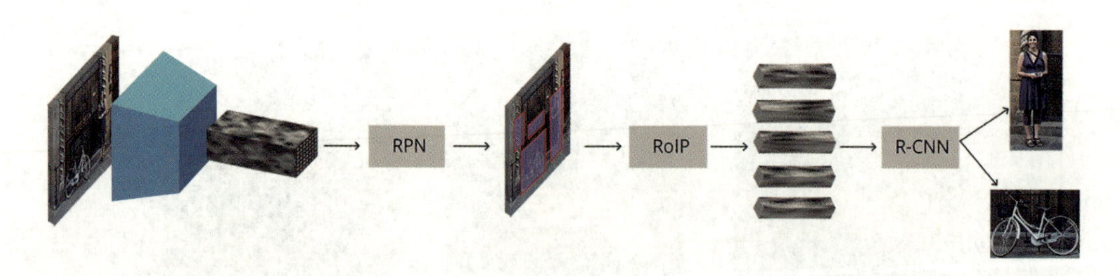

图 3－5－2　图像检测的基础网络 Faster R－CNN 架构

图像分割的主流方法是建立在图像检测的基础上的。图像分割拓展了图像检测的头部网络，将原来的两个任务（预测类别和回归矩形框）拓展成了三个任务（预测类别、回归矩形框和前背景分割），如图 3－5－4 所示。它

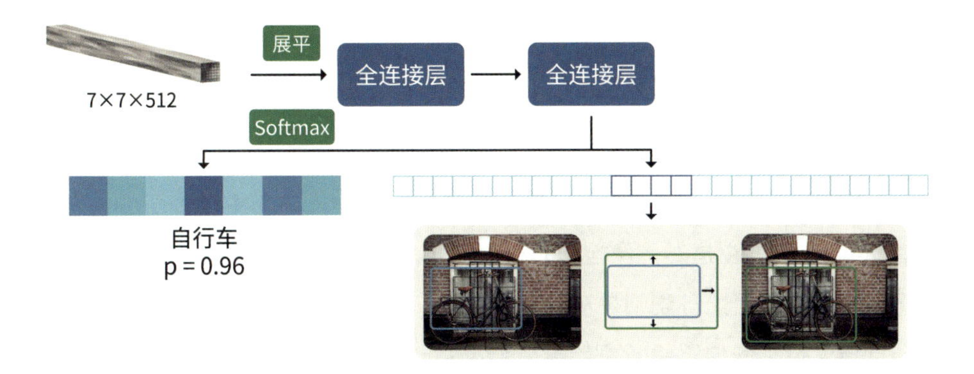

图 3-5-3　图像检测的头部网络 R-CNN 架构

不仅可以对图像中的目标进行检测，还可以在检测出来的矩形框内进行前背景分割，将每个目标的轮廓给精细地分割出来，得到掩膜信息。

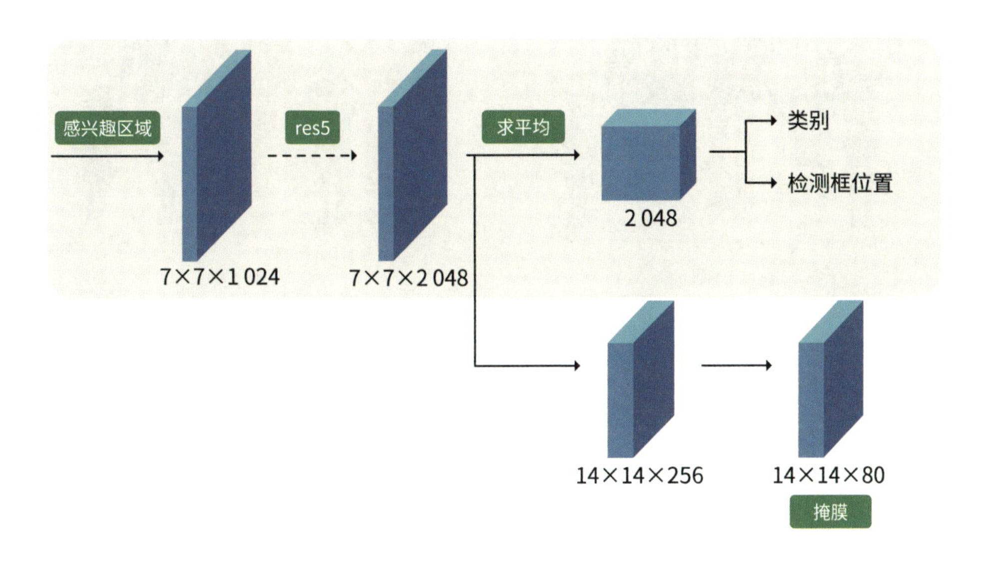

图 3-5-4　图像分割的网络架构

相比于图像识别，图像检测和图像分割在深度神经网络中加入了更多的模块，但它们都是通过梯度下降的方式进行端到端学习。

阅读拓展

语义分割和实例分割

图像分割包含两个问题：语义分割和实例分割。前面主要介绍的内容属于实例分割，它是对图像检测的一种延伸，试图将图像中每个物体的轮廓分割出来。而语义分割则是前背景分割的一种延伸，它试图将图像中具有不同语义信息的物体给分割出来。如图 3－5－5 所示，语义分割将图中的所有人从背景中分割出来，把所有人标记为一种颜色；而实例分割除了将人分割出来，还需要关心每个人具体的轮廓，表现为将五个人标记为不同颜色。

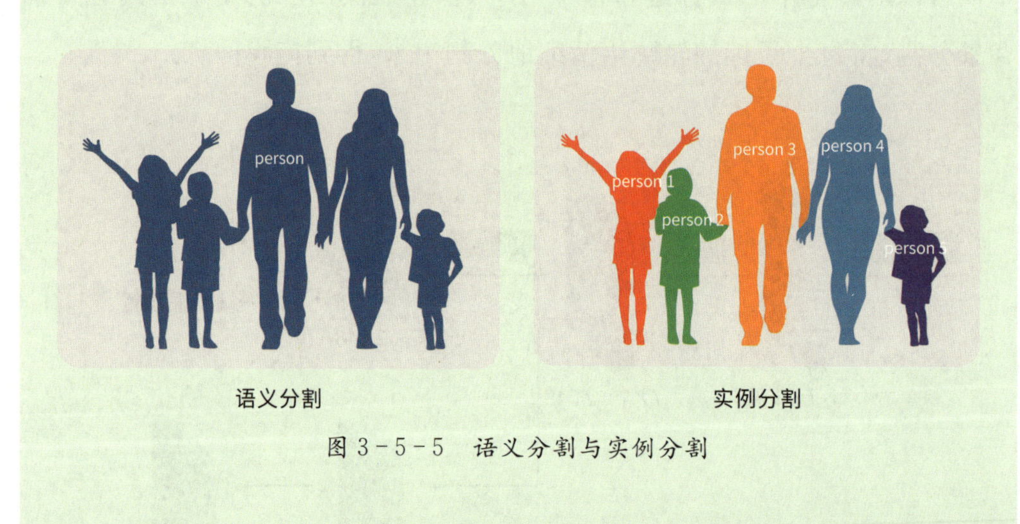

图 3－5－5　语义分割与实例分割

3.5.2　图像生成

深度学习可以逐层自动学习数据的特征，那么深度学习是否能够将特征还原成图像呢？人类绘画时，比如画一只猫，会先考虑构图，然后勾画轮廓，接着勾画细节，最后填充颜色。这是一个多层级的过程，就像是将图像理解的过程反过来。采用类似的思想，人工智能研究员设计了一种反向的卷积操作，称为“反卷积”用于图像生成。如果将提取图像中特征的过程称为“编码”,那么根据特征还原图像的过程称为“解码”。

人类通过不断练习可以提高绘画水平,深度学习也可以通过大量数据的训练,提高图像生成的水平。在训练图像分类模型时,将图像作为输入,输出是所属类别;训练解码器与之相反,输入是图像的特征,通过反卷积操作,将特征对应的图像还原出来。实际上,生成图像甚至不需要输入图像特征,只需要按一定规则随机生成一些数据,解码器也能够将其还原为图像。

近年来,利用生成、对抗的学习思想进行图像生成的深度神经网络取得了巨大的成功,成了图像生成模型的首选之一。对抗网络在解码器的基础上增加了判别器,解码器试图生成能够欺骗判别器的图像,而判别器则尽量将生成图像和真实图像区别开来。在这样的博弈对抗下,交替式地提高解码器和判别器的性能。当判别器无法区分一张图像是生成图像还是真实图像时,说明解码器产生的图像已经足够逼真。

图像生成网络有着很广泛的应用,比如图像风格化,它可以将图像中的马转变为斑马;将一张夏日景色的照片转变为冬日景色的照片等,如图 3-5-6 所示。

图 3-5-6　图像风格化示例图

从更宏观的角度，对于缺乏数据训练的场景，可以通过图像生成得到更多的数据从而辅助深度学习模型的训练。广告商可以使用图像生成技术加快广告的制作，设计师可以使用图像生成技术来辅助设计。

3.5.3 深度学习的挑战

深度学习的成功离不开三大因素：数据、模型和算力。随着人工标注数据的积累，可以从数据中学到以前没法学习的东西；技术上的不断革新使得训练上千层的深度神经网络成为了可能；从 CPU 到 GPU 再到专门的 AI 芯片，算力不断升级，丰富的计算资源支撑着深度学习的发展。但是，这三个方面也仍然存在诸多挑战。

从数据层面而言，深度学习训练一个模型需要很多人工标注的数据。例如，图像识别需要上百万张经过人工标注的图像进行训练；语音识别需要成千上万小时的人工标注的语音数据；会下围棋的 AlphaGo 利用了人类职业六段以上的棋手超过 16 万局棋局进行训练。这些都反映了深度学习对于人工标注数据的依赖，然而对数据进行标注需要耗费大量的财力和时间，这就对深度学习的发展提出新的挑战。一方面，互联网中每天都会产生大量没有标注的图片、音频和视频，如何从这些没有经过人工标注的数据中进行学习，是深度学习需要解决的问题之一。另一方面，深度学习的学习方式和人类学习的方式是不同的，人往往可以在很少的样本中学习总结，例如，人类仅需要学习几张自行车的图片，就可以将各种奇形怪状的自行车识别出来；而机器需要大量的各个类别的自行车图片才可以做到这一点。因此，如何让深度学习从数量有限的样本中学到有用的知识，也是深度学习研究的难点之一。

从模型层面而言，深度学习的模型常常需要很大的容量和计算量，但这些模型往往需要应用在移动端的设备上，例如部署在手机上的人脸解锁。手机上的容量和计算资源是十分有限的，即便研究出了准确率很高的人脸解锁模型，如果模型太大，就无法加载到手机上使用；另一方面，如果模型需要的计算量太大，不仅更加耗电，计算过慢也会影响用户的使用体验。因此，当前深度学习面临的第二个挑战是如何将大模型变小同时运算更快，在维持低能耗的同时不损失模型的准确率。

从算力层面而言，深度学习的模型训练和测试都需要大量的计算资源。初代 AlphaGo 在训练时，需要用 50 个 GPU 训练差不多一个月的时间。对弈时，单机版本的 AlphaGo 需要使用 48 个 CPU 和 8 个 GPU；分布式版本的 AlphaGo 则需要使用 1202 个 CPU 和 176 个 GPU。除了需要购买昂贵的计算设备，电力的开销也是很高的成本。目前，世界上只有少数几家大公司能够支撑起这么大的计算开销，如何降低模型在训练和测试时需要的计算资源，对于深度学习的发展也至关重要。如果能够降低模型需要的计算资源，不仅可以节约能源，还可以大大缩短训练时间，让深度学习以更快地方式迭代发展。

近年来，深度学习不断有新鲜的想法涌现，在分类、检测、分割和生成等任务方面取得了飞速进展。然而，随着研究的深入，深度学习也暴露出自身的难解释、网络结构复杂以及对大数据和大算力依赖等问题，这些问题还需要科学家们持之以恒地去研究和解决。随着深度学习的快速发展，也不断会有新的方法和挑战涌现出来，欢迎同学们一起来探索这个新兴的“深度”世界。

思考活动

AlphaGo 和人类选手对弈是否公平？

AlphaGo 是靠电力来供应能量，人类选手是靠摄取食物来供应能量。科学家粗略地换算过，AlphaGo 的功率是人类选手的几千倍。因此，有人提议应该在 AlphaGo 和人类选手摄取相同能量的情况下进行对弈。思考：AlphaGo 和人类选手对弈怎样才比较公平呢？

项目实施

体验不同的深度神经网络

一、项目活动

加载训练好的目标检测、目标分割和图像生成的神经网络模型，体验神经网络能够完成的具体任务，搜集生活中或者身边的实际问题，设计一个可行方案，用于解决这个问题。尝试在方案中将神经网络训练的方法、所需的数据集及最终神经网络模型实现功能等内容进行描述。

二、项目检查

完成方案设计，针对方案进行分享展示。

练习与提升

1. 图像检测和图像分割有什么区别？
2. 请简述深度学习的三个挑战以及解决方案，并讨论深度学习面临的机遇有哪些？

3.6　人工智能小故事

IBM 基于人工智能的学习

IBM 将人工智能技术引入学习活动并开发了 YourLearning 学习平台，这是个性化的数字学习平台，98%的 IBM 员工平均每季度访问一次。IBM 员工可以浏览最受同事欢迎的学习资源，报名参加有针对性的学习渠道，研究准备申请公司最热门职位所需的技能和认证。学习聊天机器人可以 7×24 小时解答问题。因此，在 IBM 由人工智能驱动的学习平台上，报名人数和课程完成率不断上升，从而使企业加速获得战略性技能。IBM 证明了员工学习量与总体敬业度之间的统计学关联。研究表明，学习与业绩之间存在直接关系，员工学习意愿越强烈，整体表现越出色。更重要的是，IBM 学习内容的净推荐值一直很高，基于人工智能的学习可确保 IBM 员工队伍的技能保持“常青”。

在数字经济时代，人才是驱动企业发展的第一动力，IBM 通过人工智能技术，为员工提供个性化学习平台，员工可以根据岗位需要、兴趣和个人职业发展目标进行针对性学习。这种融合人工智能技术的学习手段，不但可以化被动学习为主动学习，使得学习更具目标感，帮助员工提高学习效率；同时通过员工学习数据统计，企业对人才储备的认知颗粒度更高，有助于岗位和人才的高效匹配，让每个员工都能“因材施教”，在工作中收获成就感、获得自信和体面，形成良性的人才和企业的互动氛围，更进一步地巩固企业人才竞争实力，以推动企业创新和发展。

总结与评价

1. 下图展示了本章的核心概念与关键能力，请同学们对照图中的内容进行总结。

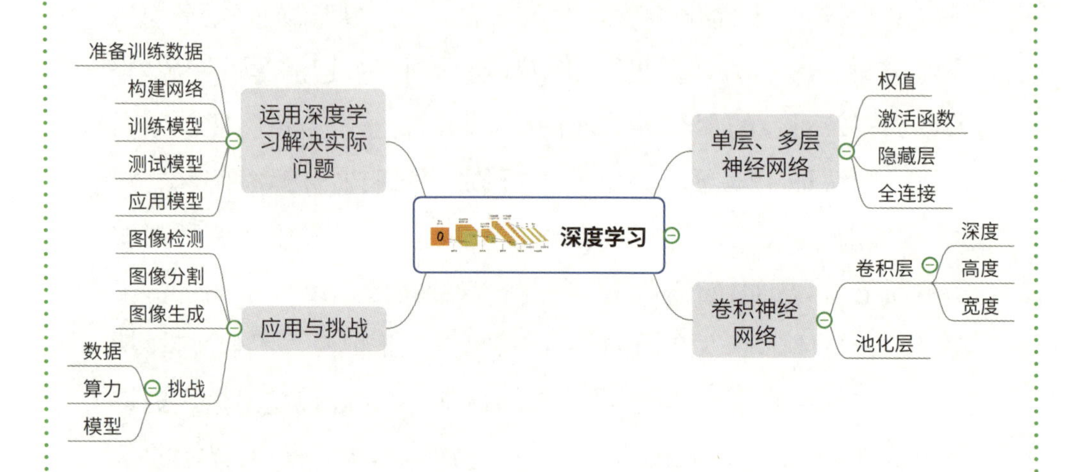

2. 根据自己的掌握情况填写下表。

学习内容	掌握程度
单层神经网络的结构	□不了解　□了解　□理解
多层神经网络的结构	□不了解　□了解　□理解
卷积神经网络的结构	□不了解　□了解　□理解
端到端学习的概念	□不了解　□了解　□理解
端到端学习的优缺点	□不了解　□了解　□理解
图像检测、图像分割、图像生成的概念	□不了解　□了解　□理解
深度学习的三大挑战	□不了解　□了解　□理解

第4章 视频分析

随着智能手机的发展，拍摄视频的成本大大降低，视频的分辨率从480P、720P发展到1 080P、2K、4K，视频的清晰度越来越高。随着5G技术的发展，人类正快速进入一个全新的视频时代。根据人民日报中国品牌发展研究院发布的《中国视频社会化趋势报告（2020）》显示，2020年中国短视频用户规模达到7.92亿，短视频用户渗透率超过70%，成为互联网第三大流量入口。

视频是由图像组成的，一秒内视频包含的图像个数被称为视频的帧率。传统时代，受限于相机硬件的迭代周期长，成本高，仅依靠相机硬件的升级提升帧率，存在很大的局限性。借助人工智能相关算法，可以让机器感知视频中运动的加速度，从而实现在视频中插帧，使得视频帧率增加，观看时视频顺滑如丝。智能手机上搭载的相机大多结合智能技术来提升视频质量，包括但不限于提升视频帧率、美化拍摄效果等。除了提升智能手机的拍摄效果以外，人工智能在视频领域还有更多的应用。比如，跟踪视频中某个物体的移动，保障汽车自动驾驶；分析运动员训练视频中的具体动作行为，纠正运动员动作；分析视频去除视频中的某些物体，让视频变得更加整洁等。

在本章的学习中，我们将以“运动视频智剪辑”为主题，开展项目活动，对体育运动中的视频进行智能分析，识别视频的运动类别，进行物体跟踪，学习应用智能视频分析相关算法解决实际问题。

主题学习项目：运动视频智剪辑

项目目标

本章以“运动视频智剪辑”为主题开展项目学习，通过解决围绕智能视频处理的一系列问题，了解到视频是如何表示的，以及常用视频分析算法和其具体应用，为未来的学习打下坚实的基础。

1. 了解视频的表示，以及视频表示中的相关概念，并通过视频的合成来体验视频表示与图像表示的关系。

2. 了解视频中的运动表示，并通过光流可视化来加深对运动表示的理解。

3. 了解常见的视频分析技术：动作识别、动作检测、物体跟踪等。

4. 基于本章所学，利用本章内的知识点，小组合作设计并实现体育运动视频的智能剪辑，通过实践项目加深对视频理解的认识。

项目准备

为完成项目需要做如下准备：

- 全班分为若干小组，每组建议 2~3 人，明确组员分工。
- 搜集体育运动视频，为后续学习做好信息储备。
- 为“运动视频智剪辑”主题内容学习准备实验环境。

项目过程

在学习本章内容的同时开展项目活动。为了保证本项目顺利完成，要在以下各阶段检查项目的进度：

1. 准备运动视频，对视频进行解帧并提取视频的光流。
2. 对运动视频进行相关处理，实现物体跟踪。
3. 设计算法，获取视频特征，检测视频运动类别。
4. 应用算法，解决视频抖动，并对运动视频进行智能慢放。

项目总结

完成“运动视频智剪辑”系列主题任务，各小组提交项目学习成果（包括各个阶段处理后的视频），开展作品交流与评价，体验小组合作、项目学习和知识分享的过程，理解视频分析的相关算法原理。

4.1 无处不在的视频

学习目标

- 了解视频在计算机中的表示方式；
- 理解视频与图像的关系；
- 了解视频中的运动表示，能够描述如何改变视频中运动的节奏。

体验与探索

视频与图像的关系

生活中离不开各种各样的视频，比如电视中播放的电视剧，电影院中播放的电影，网络教学平台中老师的讲课，与朋友在线视频通话，短视频播放平台里的各种短视频，以及大家在网络聊天中喜欢用到的动态表情包等。目前基于视频的社交方式已经成为生活中必不可少的一种交流手段，实际上视频是由连续的图像组成的，如图 4-1-1 所示。视频与图像的区别是图像中的物体是静止的，视频中的物体会移动。那么视频如何在计算机中表示呢？

图 4-1-1　视频由连续的图像组成

思考　1. 视频与图像对比，有哪些优势和劣势？
2. 视频如何在计算机中进行数字化表达。

4.1.1　视频在计算机中的表示

在计算机的世界里，视频就是将连续的图像序列按照时间顺序排列起来。其中每一张图像，就是视频中的一帧。因此，相比于图像，视频多了一个时间的维度。在一秒的时间段内，视频包含的图像个数，就被称为该视频的帧率。如图 4-1-2 所示，图中包含了 2 种帧率的视频。

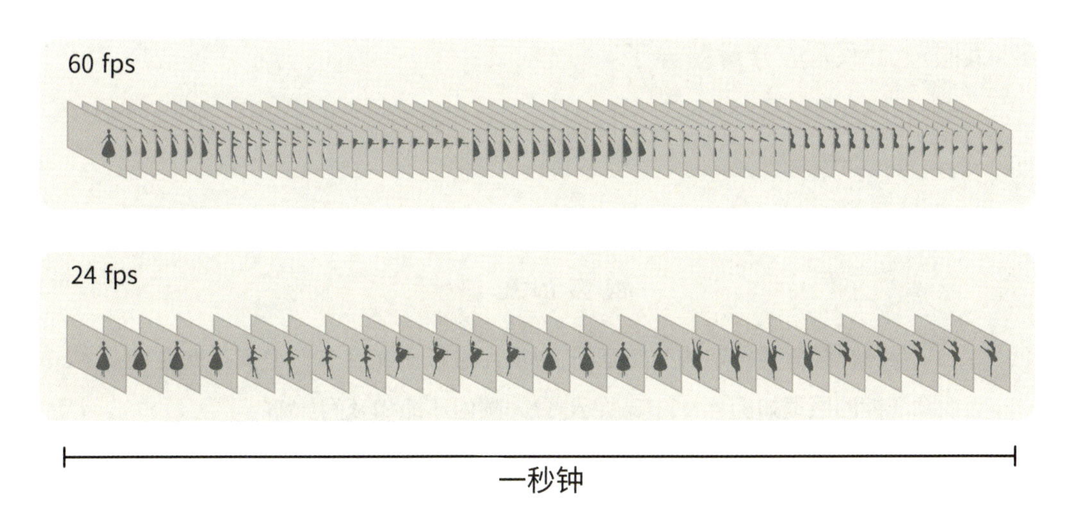

图 4-1-2　数字视频中的帧率

图中上面的视频，一秒的时间段里包含了 60 帧数字图像，因此该视频的帧率为 60 fps。而下面的视频，一秒的时间段里只包含了 24 帧数字图像，因此该视频的帧率为 24 fps。

数字图像在计算机中以像素为单位，将像素排列成二维矩阵来进行存储和表示，比如，使用 $I(x, y)$ 这个函数来表示数字图像，其中 (x, y) 是指像素点在数字图像中位置。相比图像的表示，数字视频在计算机中会在时间维度上多了一个自变量 i，因此可以用一个三元函数 $V(x, y, i)$ 来表示一个数字视频，其中 i 表示该帧图像出现的时刻。比如，一段数字视频是由 N 帧数字图像合成的，这个数字图像集合为 $\{I_1(x, y), I_2(x, y), \cdots, I_N(x, y)\}$，那么这个视频 $V(x, y, 2)$ 就是代表了视频中的第二帧图像 $I_2(x, y)$。采取这样的表示方法，可以将图像和视频紧密地联系起来，因此图像处理中的很多技术可以用于处理视频。

视频由一系列图像按照顺序拼接而成，那为什么看到的视频没有单帧图像卡顿的感觉呢？这是因为人眼中有一种视觉暂留的生物功能，当连续一段图像序列以每秒 24 帧以上的速度播放时，人类的大脑就会有连续播放的感觉。视频的帧率越大，视频看上去越流畅。当帧率提升到 100 帧以上时，人眼就几乎无法分辨差异了。

阅读拓展

视频的压缩

存储视频需要一定的存储空间，对视频进行压缩会节省很多存储空间。视频压缩的原理如图 4-1-3 所示，分为帧内压缩和帧间压缩。

图 4-1-3　帧内压缩与帧间压缩

对于一帧图像而言，相邻像素点的像素值通常是高度相似的，丢弃一部分像素值可以降低数据的存储量。比如，将相邻的四个像素值压缩为一个像素值进行存储，如图 4-1-3 左图所示。采用这样的方法可以压缩视频，这种压缩方式称为帧内压缩也称为空间压缩。

对于视频连续若干帧而言，视频中前后连续两帧的相似度极高且具有很大的相关性，因此丢弃一部分帧不影响视频内容，且可以降低数据的存储量。比如，每相邻两帧图像丢弃一帧进行存储，如图 4-1-3 右图所示。采用这样的方法可以压缩视频，这种压缩方式称为帧间压缩也称为时间压缩。

4.1.2 视频中的运动表示

视频中通常刻画了某些物体的运动，比如图 4-1-1 中的运动员和排球都在运动。运动信息是视频中的一个重要特征。对人而言，识别出目标物体的运动很简单。计算机如何如人一般，识别出连续的图像序列中的运动信息呢？根据物理学的定义，在现实世界的三维空间中，可以使用位移、速度等物理量来描述空间中某点从一个位置经过一段时间达到另外一个位置的运动过程。在视频处理中，可以用光流来描述运动的情况。光流描述的是

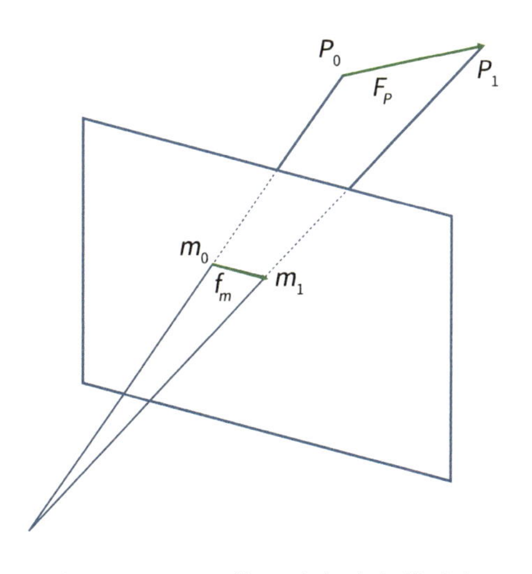

图 4-1-4　三维运动点的成像过程

三维空间运动的点在二维平面上的运动投影。通常计算机处理的都是投影后的二维图像，因而使用二维投影点的运动间接刻画真实世界中的三维运动。

什么是光流呢？假设，摄像机拍摄三维世界中运动的点时，成像过程如图4-1-4所示，三维世界中的点 P 从 P_0 移动到 P_1，对应三维运动的位移记为 F_p。对应相机的成像平面上，成像点 m 从 m_0 移动到 m_1，成像点 m 的二维运动位移为 f_m。这里的 f_m 是一个二维向量（也称二维矢量），可以用于表示图像中点 m 的光流。

假设三维物体点 P_0 和 P_1 的坐标为 $P_0=(X_0, Y_0, Z_0)$ 和 $P_1=(X_1, Y_1, Z_1)$，那么三维运动位移为 $F_p=(X_1-X_0, Y_1-Y_0, Z_1-Z_0)$。同样地，如果 m_0 和 m_1 的坐标为 $m_0=(x_0, y_0)$ 和 $m_1=(x_1, y_1)$，那么光流在数学上就可以表示为 $f_m=(x_1-x_0, y_1-y_0)$。

阅读拓展

光流的可视化

光流可以使用二维位移向量或颜色来表示，如图4-1-5所示。

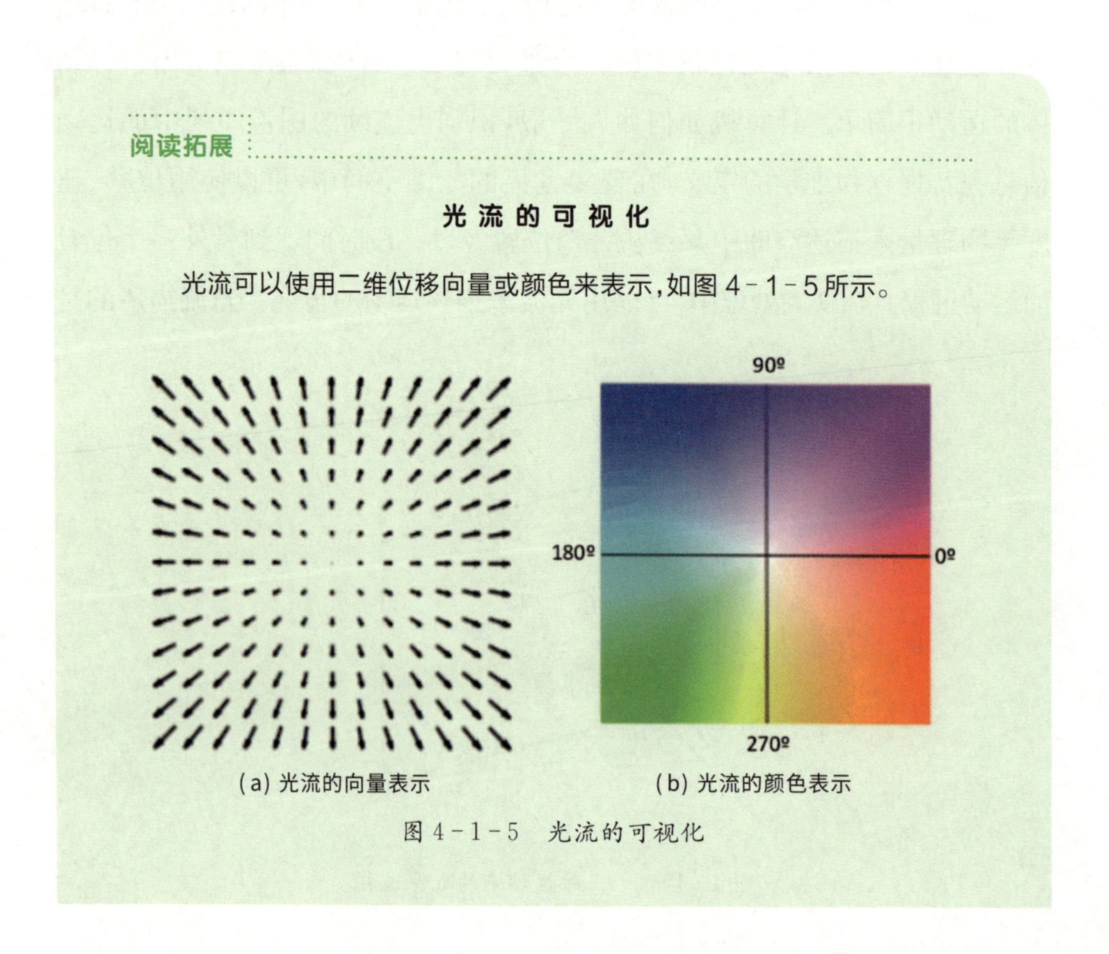

(a) 光流的向量表示　　(b) 光流的颜色表示

图4-1-5　光流的可视化

其中，左图是光流的向量表示，每个向量包含着位移方向和位移大小信息。将左图中的不同位移向量采用不同的颜色来代替，不同的颜色和亮度分别代表光流中不同的位移方向和位移大小，这样可以用彩色图像形象直观地表示光流信息，即图 4－1－5 中的右图。

图 4－1－6 中展示了一个排球运动员垫球过程中的一帧图像，图像中排球运动员正在快速向球移动，而背景中的其他物体处于静止观看的状态。其中，左图使用向量描述光流信息，右图使用颜色表示光流信息。对比观察两幅示意图可以发现，右图静止的区域颜色为白色，快速移动的运动员和排球有明显的颜色，且位移越大对应颜色越深。

图 4－1－6　光流的可视化案例

光流如何计算呢？人类通过观测同一个物体是否发生位置变化来确定它是否发生了运动，光流的计算的关键是要把两帧图像之间相同的点对应起来。为了找到相互对应的点，设立两个假设：

（1）该物体在相邻两帧的运动位移大小较小；

（2）该物体在相邻两帧图像中的颜色亮度基本不变。

根据假设，相邻两帧图像中的对应像素点移动的位置、颜色和亮度变化不会很大。于是，根据假设可以对两帧图像上的像素点进行匹配计算。针对一段视频，假设第 t 帧图像 $V(x,\ y,\ t)$ 中的像素点 $m_0=(x_0,\ y_0)$，在第

$t+1$ 帧图像 $V(x, y, t+1)$ 中的对应位置附近找到与像素 m_0 的颜色最相似的像素点 $m_1=(x_1, y_1)$。根据颜色、亮度基本不变的假设，在理想情况下，可以得到下面的关系（这是一个非常简单的例子，真实情况要更复杂一些）：

$$V(x_0, y_0, t)=V(x_1, y_1, t+1) \quad (1)$$

于是，对于第 t 帧图像 $V(x, y, t)$ 中的像素点 m_0 的光流就可以表示为：

$$f_m=(u, v)=(x_1-x_0, y_1-y_0) \quad (2)$$

阅读拓展

光流的孔径问题

光流运动的基本原理是在颜色、亮度基本不变的假设下，通过对两帧图像中颜色一致的像素点进行匹配，从而求得该位置的运动位移。这种情况存在一个问题，即光流的孔径问题。光流的孔径问题是指仅通过一个像素的像素值的变化，无法准确地求出光流的真实值。比如，如图 4-1-7 所示，有三张条纹状的纸条和一个带有小孔径的纸板。

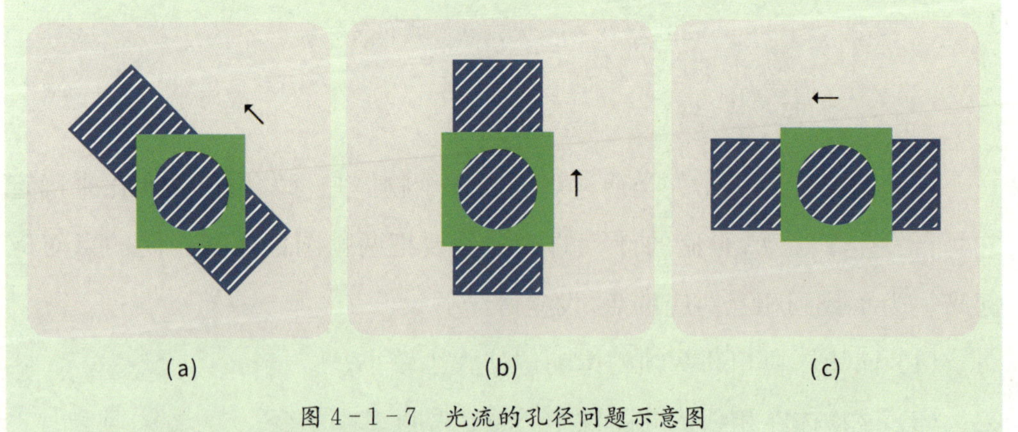

图 4-1-7　光流的孔径问题示意图

三张纸条分别按照图中(a)(b)(c)三个方向移动，如果仅通过纸板上的小孔径观测三个纸条的运动方向，会发现三种运动中的规律是一样的。这种情况下，根据连续两帧图像求得的光流只能近似地刻画真实世界的三维运动，不能完全准确地表示真实的三维运动。这就是光流的孔径问题。

如何解决孔径问题呢？首先需要思考为什么会出现案例中的情况。针对图 4－1－7，如果在全局视角下观测三张纸条，能够清晰地发现它们是三种不同的运动；如果仅通过孔径观察孔径中的图像变化，会感觉三者在做同种运动。这是因为通过孔径只能看到局部像素点的变化，无法感受到全局像素点的变化。因此，可以通过增大孔径的面积来解决这个问题。

阅读拓展

用深度学习方法计算视频中的光流

光流计算的关键是在连续两帧图像中寻找匹配的像素点。但是在实际应用中，光流的估计还需要考虑到很多其他的因素，比如遮挡、光照的变化、由运动产生的模糊等。采用深度学习的方法计算光流可以提取更稳定（鲁棒性更好）和更精确的特征信息，这些特征信息都有助于找到更准确的像素匹配关系。图 4－1－8 展示了一种采用深度学习方法提取光流的过程。

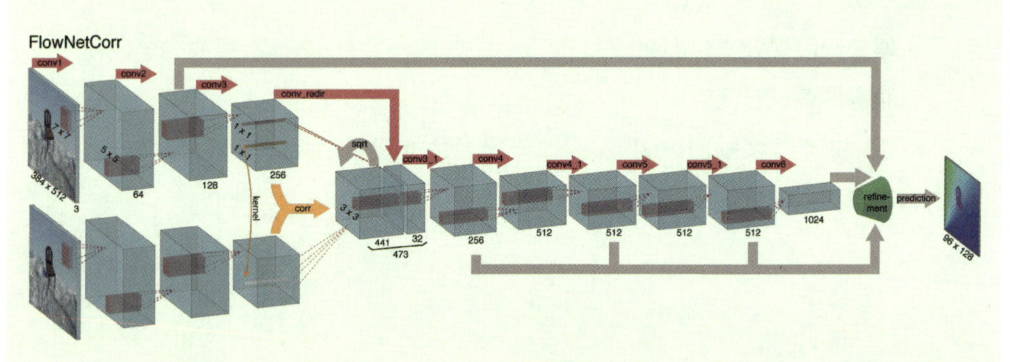

图 4－1－8　光流提取网络

将两帧图像分别在一个共享的网络里提取图像特征，然后通过一个特征值比较的操作，将两个提取的图像特征图进行比较，从而得到一个特征值比较后的结果，然后将其再用一些卷积层来进行优化，就可以计算出对应的光流图。

项目实施

运动视频的光流计算

一、项目活动

搜集运动的视频，编写程序解帧得到视频中的图像，再尝试将图像序列合成为视频，对比前后两段视频的差异。抽取一段子视频，借助深度学习模型对视频的图像序列进行光流提取，并将提取的光流进行可视化。

二、项目检查

各组完成视频解帧以及对运动视频的光流提取和可视化，并进行成果展示。

练习与提升

1. 假如一段视频文件的帧率为 24 fps，视频段一共有 120 帧，播放完这段视频需要多长时间？
2. 视频由连续多帧图像组成，因此一段视频处理起来耗时较长，你有什么方法可以加快视频处理的效率吗？

4.2 物体跟踪

学习目标

- 了解视频中的物体跟踪任务；
- 能够描述物体跟踪与物体检测的关系；
- 了解简单的物体跟踪算法。

体验与探索

在生活中，大家都经常会看到各种各样的视频，比如电视电影中动人的片段，体育节目中的运动视频，以及各种直播平台的娱乐视频等。对于人类而言，在观看视频的过程中，眼睛会不由自主地跟随在视频中吸引人的某个主体上，比如电影中的某个主人翁、运动场景中的某个运动员，这是一个典型的物体跟踪任务。图 4－2－1 展示了人工智能在视频中的物体跟踪任务，被跟踪的物体用红框圈出。

图 4－2－1 物体跟踪任务

思考 1. 日常所见的视频中,有哪些有趣的智能视频分析的应用?

2. 计算机如何能像人眼一样跟随视频中的某个物体呢?

4.2.1 视频中的物体跟踪任务

物体跟踪任务是针对一段视频中的第一帧图像,应用目标检测算法标定目标物体,并在视频后续的每一帧中找到该目标物体,输出被跟踪目标物体的位置,根据被跟踪目标主体的数量,物体跟踪任务分为单目标物体跟踪和多目标物体跟踪。其中,单目标物体跟踪任务是指只跟踪一个目标物体,多目标物体跟踪任务是指同时跟踪多个目标物体。为了简化问题的复杂度,本书只关注单目标物体跟踪任务。

模拟人类视觉系统跟踪物体的功能,人工智能物体跟踪在生活中有很多应用,比如智能交通系统中的物体跟踪,图 4-2-2 展示了某个十字路口智能交通系统的摄像头对车辆、行人的识别和跟踪。搭载物体跟踪功能后,

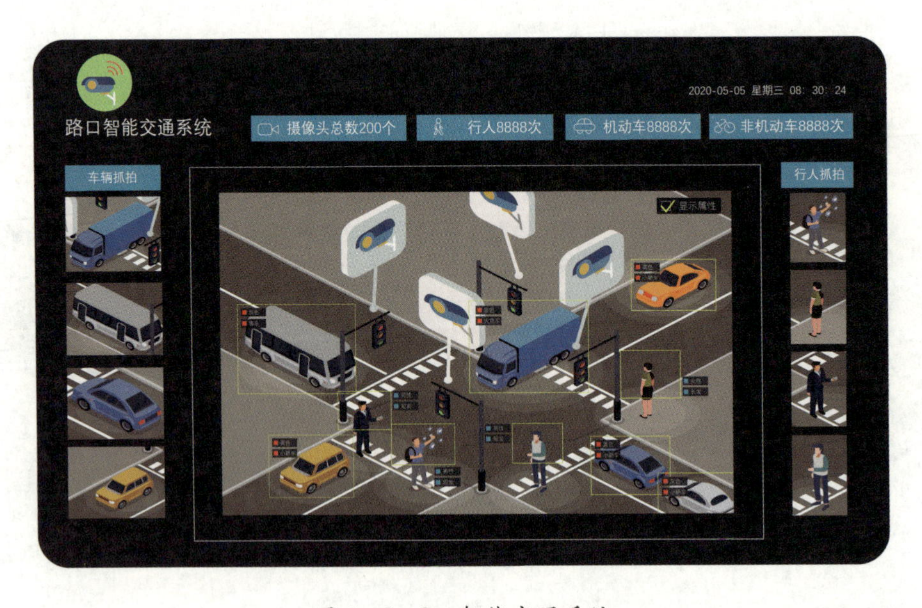

图 4-2-2 智能交通系统

智能交通系统可以智能地识别出车辆的轨迹，并以此来获取路况信息和一些异常行为。具备物体跟踪能力的计算机视觉系统对车辆跟踪和交通监控来说大有用处，可以辅助城市的交通管理。

4.2.2　物体跟踪的经典算法

如何实现物体跟踪呢？Kanade-Lucas-Tomasi（KLT）跟踪算法是一种经典的物体跟踪算法。在物体跟踪任务中，针对一段视频 $\{I_1(x, y), I_2(x, y), \cdots, I_N(x, y)\}$，在视频的第一帧图像 $I_1(x, y)$ 中，使用检测框标定出待跟踪的物体，然后尝试在后续图像中找到这个物体，并用检测框标出位置。KLT 跟踪算法基于如下假设：

（1）该物体在相邻两帧的运动位移较小；

（2）该物体在相邻两帧的颜色亮度基本不变；

（3）空间一致性，即待跟踪物体的运动偏移量满足相同或者相似的运动状态。

在这三个假设下，只需要求得检测框内的物体在下一帧图像中的整体运动偏移量，就可以获取到下一帧待跟踪物体的检测框的位置，如图 4－2－3 所示。

图 4－2－3　寻找下一帧图像中物体的位置

KLT 跟踪算法的过程如下：

（1）特征点提取：应用特征点检测算法，提取检测框内物体的特征点。假设在当前帧的检测框提取 K 个特征点 $\{f_1(x_1, y_1), f_2(x_2, y_2), \cdots, f_K(x_K, y_K)\}$。提取特征点的目的是为了获得一个鲁棒性更好的特征值，后续使用该特征值计算图像中像素点之间的相似度。

（2）特征点跟踪：在下一帧图像上，同样使用特征点提取算法，提取 K 个特征点 $\{g_1(x_1, y_1), g_2(x_2, y_2), \cdots, g_K(x_K, y_K)\}$，根据待跟踪物体上运动的空间一致性，假定存在一个运动偏移量 (u, v)，使得在运动偏移量 (u, v) 的作用下，上一帧的 K 个特征点与当前帧的 K 个特征点相匹配，如图 4-2-4 所示，则有

$$\begin{cases} f_1(x_1+u, y_1+v)=g_1(x_1, y_1) \\ \vdots \\ f_K(x_K+u, y_K+v)=g_K(x_K, y_K) \end{cases}$$

那么可以得到运动偏移量 (u, v)，根据运动偏移量 (u, v) 可以求得当前帧中待跟踪物体检测框的最新位置。

图 4-2-4　KLT 算法中特征点匹配示例

4.2.3　物体跟踪的深度学习方法

除了经典的 KLT 跟踪算法，物体跟踪算法还有很多，其中一个较为常用的方法是利用物体检测算法实现物体跟踪，这类方法叫作检测跟踪算法。其中一种相对简单的基于深度学习的跟踪算法为孪生候选区域提取网络，该网络是基于物体检测算法的改进。

候选区域提取网络是一种在物体检测中常用的网络，如图 4－2－5 所示。对于物体检测任务来说，首先在图像中提取一些候选区域，然后在这些候选区域上进行目标物体的类别识别和检测框的确定。候选区域提取网络以图像中的候选区域特征作为输入，然后通过计算分析，输出一些候选目标预测框和目标物体的类别。

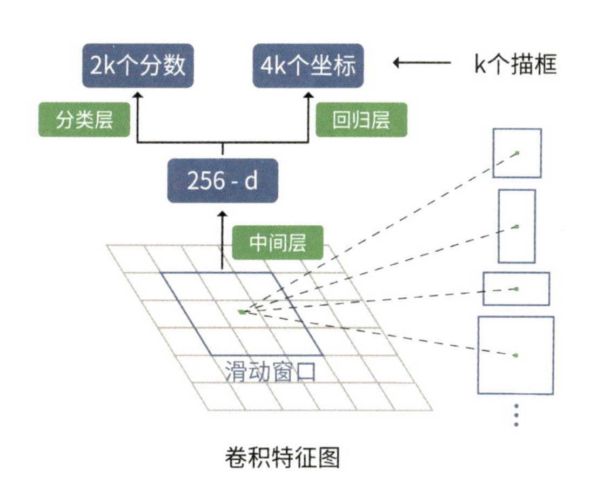

图 4－2－5　候选区域提取网络

那么如何将物体检测应用到物体目标跟踪任务中呢？实际上，对于物体跟踪任务来说，获得第一帧图像目标物体的位置后，后续帧的候选区域提取可以结合视频中的运动信息获得。已知前一帧目标物体所在位置后，由于目标物体在连续两帧图像中不会发生特别大的运动位移，那么可以基于前一帧目标物体的中心，用一个扩大N倍的目标物体框来作为当前帧的候选区域。然后将模板图像块以及当前帧图像中的候选区域的图像块，输入到同一个特征提取神经网络来进行特征提取。最后结合候选区域生成网络来判断被跟踪目标物体的预测框。对应的算法原理如图4－2－6所示。

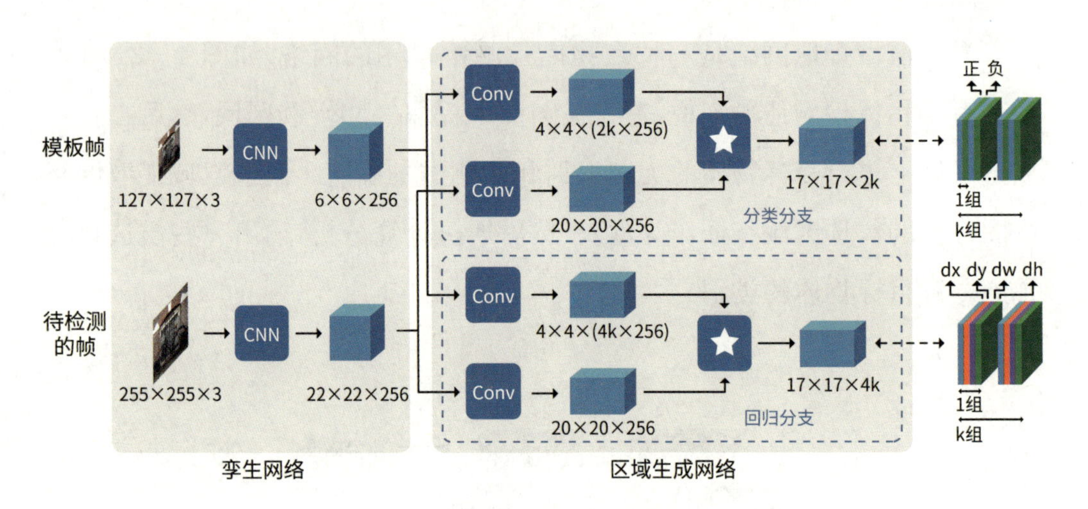

图4－2－6　孪生候选区域生成网络

阅读拓展

物体跟踪与物体检测的关系

物体检测也称目标检测，是指在指定的图像中精确地找到物体（目标）所在的位置，并识别出该物体（目标）的类别。物体检测任务的输入是一张图像，输出是目标物体的位置信息及所属的类别。

物体跟踪任务与物体检测任务相似，都需要定位目标物体的位置并输出。不同之处是物体检测还需要输出物体所属的类别，而物体跟踪任务则不需要。此外，物体跟踪任务需要考虑视频中的运动信息。

项目实施

跟踪视频中的物体

一、项目活动

选择一段运动视频，提取视频中的第一帧图像，指定待跟踪物体的检测框。选择跟踪算法，编写程序实现该物体的跟踪任务。

二、项目检查

各组完成物体跟踪任务，并进行成果展示。

练习与提升

1. 在 KLT 跟踪算法中，特征点如果不更新，会有什么影响吗？
2. 在 KLT 跟踪算法中，什么情况下会出现跟踪失败的情况呢？

4.3　动作识别

学习目标

- 了解动作识别技术；
- 了解视频分析中动作识别的不同方法；
- 了解动作识别的不同方法的应用场景。

体验与探索

视 频 中 的 行 为

视频中出现频率最高的是人类，视频中人类的动作或者行为是一个非常重要的表现特征。图 4－3－1 中的各种动作行为人类能够轻松识别，如何让机器也具备动作行为识别的能力呢？这就是智能视频分析中的动作行为识别技术。

图 4－3－1　生活中丰富的动作

思考　1. 自由体操动作和举重动作有什么不同？

2. 如何让机器人具备动作行为识别的能力？

4.3.1　视频中的动作行为识别

动作行为识别是计算机分析给定视频数据，从中辨识出用户具体动作的过程。动作行为由一连串的动作组成，摄像机用一段视频把动作按事情发展顺序记录下来，然后将这段视频 $V=\{I_1(x, y), I_2(x, y), \cdots, I_N(x, y)\}$ 作为动作行为识别任务的输入。同时规定一个动作标签集合 $A=\{a_1, a_2, \cdots, a_K\}$，其中 a_i 就是某一类动作，比如跑步、跳舞等。而动作行为识别就是判断视频 V 的动作标签 a_i。

动作行为识别不仅是智能视频分析中的一项基本的技术，而且在现实生活中具有很重要的应用价值。例如，在人机交互领域，动作行为识别可以让人机交互系统理解人的行为，从而给出精准的反应；在体育转播方面，摄像机如果可以识别场景中的关键动作，可以更快地捕获关键动作的视频；在视频监控领域，动作行为识别可以自动识别监控视频中的特殊和异常行为，大大减少警察的工作量。

动作行为识别可以通过单帧图像来实现吗？如果当待识别的视频描述的是相对静止的行为时，那么就可以用视频中的某帧图像代表整个视频的信息。在这种情况下，只用单帧图像的特征做动作行为识别就能取得不错的效果。

但是，视频中的运动比较相似时，就需要结合一连串的动作来进行高精度的行为分类。比如，跳高和跳远在助跑阶段很相似，如果只用单帧的图像就很难区分开这两种情况。因此，在视频行为识别中，需要获取动态信息，即学习视频在时间维度上的表达，进而提升动作行为识别的准确度。

4.3.2　视频中的动作分类

当待识别的视频描述的是相对静止的行为时，可以将视频中的动作分类问题视作图像分类问题，此时可以基于单帧图像进行动作分类。使用深度神经网络来对单帧图像进行特征提取，然后用一个分类模型对提取到的特征进行分类，得到对应的动作类别，如图 4－3－2 所示。

图 4-3-2　基于单帧图像的动作分类

对于在时序上有着明显的运动特征的视频，基于单帧图像做动作分类是不够的，此时还需要利用视频在时序上的运动特征来提升动作分类的精确度。在这种情况下，可以将视频的信息分成静态和动态两方面，静态信息是指图像中物体的外观特征，包含相关场景和物体，这可以从静态图片中获取到。动态信息是指视频序列中物体的运动信息，包括观察者和物体的运动，可以通过提取光流来获得。视频行为识别中广泛应用的双流卷积神经网络就是利用两个不同的网络同时处理静态和动态信息。

如图 4-3-3 所示，以随机抽取的单个彩色图像帧作为输入的网络称为空间流卷积神经网络，以多帧的光流图像作为输入的网络称为时间流卷积神经网络。由于双流卷积神经网络用的是两个独立的卷积神经网络，其中每个神经网络都会对该行为输出一个结果，然后采用取平均值或者取最大

图 4－3－3　双流卷积神经网络

值的方法，对两个处理流程的行为识别结果进行融合。以取平均值的方法为例，假设需要识别的 5 种动作分别为{跑步，跳舞，射箭，打篮球，踢足球}。其中空间流卷积神经网络输出的识别结果为：

{跑步＝0.1，跳舞＝0.3，射箭＝0.3，打篮球＝0.1，踢足球＝0.2}

而时间流卷积神经网络输出的识别结果为：

{跑步＝0.2，跳舞＝0.2，射箭＝0.3，打篮球＝0.2，踢足球＝0.1}

那么用平均法来融合两个子网络预测结果的话，其最终预测结果为：

{跑步＝0.15，跳舞＝0.25，射箭＝0.3，打篮球＝0.15，踢足球＝0.15}

根据最终的预测结果，可以判定针对视频的行为识别结果为射箭。

项目实施

运动视频的动作分类

一、项目实施

选择一段运动视频，编写程序判定视频中是否有运动动作，如果存在运动的动作，对运动类别进行判断，并将预测的运动类别添加到每个图片帧上，然后将添加类别的图片序列合成为视频。

二、项目检查

各组完成视频是否有运动动作以及对应运动动作分类的任务，将运动类别信息添加到视频的每一帧图像中并进行成果展示。

练习与提升

1. 基于单帧的动作识别方法和双流卷积神经网络识别方法，各有什么优缺点？
2. 假设需要识别的5种动作分别为{跑步，跳舞，射箭，打篮球，踢足球}，其中空间流卷积神经网络输出的识别结果为：

{跑步=0.15，跳舞=0.2，射箭=0.3，打篮球=0.15，踢足球=0.2}

而时间流卷积神经网络输出的识别结果为：

{跑步=0.2，跳舞=0.2，射箭=0.3，打篮球=0.2，踢足球=0.1}

采用取最大值来融合两个子网络预测结果，试计算最终预测结果。

4.4 视频智能处理

学习目标

- 了解简单视频编辑操作；

- 了解视频的智能处理系统;
- 能够合理运用技术实现简单的视频智能处理系统。

学习目标

日常生活中,使用手机拍摄视频时,常常因为持手机的手不稳定导致拍摄的视频会出现抖动的现象。而很多智能视频编辑类的软件能够修复这个问题,此外,智能视频编辑类的软件还具有多种智能视频处理技术,比如视频慢动作处理。

思考 1. 根据视频的数字化表达,想一想视频去抖动可以如何实现;

2. 根据视频的数字化表达,想一想视频慢动作处理可以如何实现。

4.4.1 视频的编辑

视频去抖动任务是为了解决视频中画面抖动的现象,让视频看起来更加平滑。视频中画面抖动的本质是视频中同一个像素位置的像素值在连续两帧中出现了剧烈变化。因此解决视频抖动的方法,是减轻连续两帧中同一个像素位置的像素值的剧烈变化。一个最简单的解决方法就是针对时间维度上的两个相邻帧进行平滑滤波操作。

给定一段视频 $V(x, y, t)$,将视频的时域平滑滤波操作表示为:

$$\overline{V}(x, y, t)=F(V(x, y, t))$$

其中 $\overline{V}(x, y, t)$ 为时域平滑滤波后的结果。

另外一个比较常用的方法是视频插帧。视频插帧是将一个低帧率的视频转换成一个高帧率的视频,比如将 24 fps 的视频转成 72 fps 的视频。那么如何才能将其中没有的中间帧重建出来呢?一个比较有效的解决方案是利用运动信息来进行插帧操作。

以在连续2帧图像中间重建一帧图像为例，给定一段视频，对于第 t 帧图像 $V(x, y, t)$ 和第 $t+1$ 帧图像 $V(x, y, t+1)$，这两帧图像对应的光流图为 $f_m=(u, v)$。因此，

$$V(x, y, t+1)=V(x+u, y+v, t)$$

假设物体运动是线性运动。由此可得在 $t+1/2$ 的时刻，利用线性运动的性质，可以获得：

$$V(x, y, t+1/2)=V(x+u/2, y+v/2, t)$$

$V(x, y, t+1/2)$ 就是利用线性运动假设和光流线性插值得到的图像中间值重建结果。

阅读拓展

视频插帧的思考

在线性运动假设下，利用光流线性插值可以求出图像的中间帧。如果 $x+u/2$ 或 $y+v/2$ 是非整数坐标怎么办？如果 $x+u/2$ 或 $y+v/2$ 是非整数坐标，那么我们就需要利用图像处理的空间域的线性插值。以双线性插值为例，如图4-4-1所示，坐标 C 位于像素点 C_{00}，C_{01}，C_{10} 和 C_{11} 的中间，那么坐

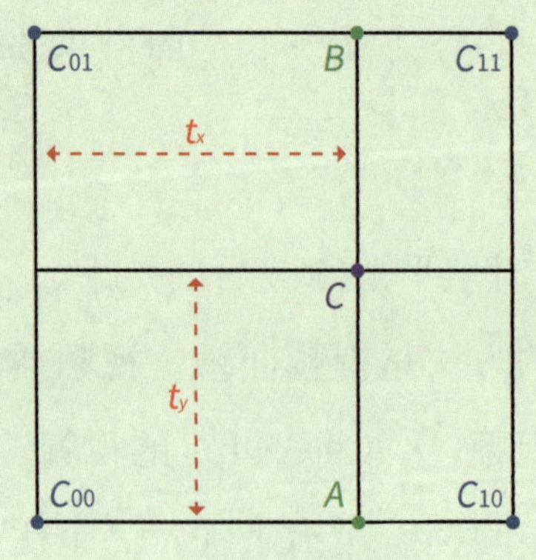

图 4-4-1　双线性插值

标 C 点的像素值，应该是周围 4 个像素值的双线性插值，即按照距离的关系进行线性插值，距离越近的权重越大，距离越远的权重越小。

在图中，已知位于像素点 C_{00}, C_{01}, C_{10} 和 C_{11} 分别为 $f(C_{00})$, $f(C_{01})$, $f(C_{10})$ 和 $f(C_{11})$。由于 t_x 和 t_y 都是 0 到 1 之间的数字，因此 B 点的像素值 $f(B)$ 为：

$$f(B)=(1-t_x)\times f(C_{01})+t_x\times f(C_{11})$$

同理，A 点的像素值 $f(B)$为：

$$f(A)=(1-t_x)\times f(C_{00})+t_x\times f(C_{10})$$

有了 A 点和 B 点的像素值后，我们可以获得 C 点的像素值 $f(C)$为：

$$f(C)=(1-t_y)\times f(A)+t_y\times f(B)$$

实践活动

视频编辑

针对一段抖动的视频，利用时间维度上的中值滤波，实现视频平滑处理操作，并利用视频插帧，将视频变换为高帧率视频。

4.4.2　视频的智能处理系统

随着人工智能技术的发展和视频大数据时代的到来，智能视频分析技术在生活中的应用越来越广泛。如果把摄像机看作人的眼睛，那么视频的智能处理系统相当于人的大脑。然而视频数据是一种非结构化的数据，计算机不能直接对非结构化数据进行处理或分析，计算机比较擅长处理结构化数据。结构化数据，简单来说就是关系型数据库，也就是说每一个数据都有专属的文本或者类别标记。非结构化数据，是与结构化数据相对的，不适于由数据库二维表来表现。因此，如果要让计算机理解视频中的内容，这就要采用智能视频分析技术将非结构化的视频数据转换成计算机能够识别和处理的结构化数据。

视频智能分析算法可以通过对视频内容的分析，提取视频中的关键信息，并将之转换成文本标记。在这个过程中，就会用到一些视频智能分析技术，比如前面提到的动作分类技术，就可以视频进行动作类别的文本标记。经过视频智能分析算法处理后，计算机就可以对视频进行快速搜索或比对分析等操作。

因此基于智能视频分析技术，可以完成视频数据的结构化操作，有了结构化的视频数据后，一系列基于视频的应用应运而生。比如，辅助驾驶系统，系统对驾驶员的驾驶行为进行分析，通过图像识别和动作识别等技术，诊断驾驶员当前是否出现疲劳驾驶的行为，如图 4-4-2 所示。

图 4-4-2　辅助驾驶系统疲劳检测

项目实施

运动视频的慢动作制作

一、项目活动

针对添加运动分类信息的视频，使用动作分类算法标记每一帧，然后根据识别结果，自动截取并保存视频中的运动片段，针对提取的视频片段，插帧实现慢动作视频制作。

二、项目检查

各组完成慢动作运动视频制作的任务，并进行成果展示。

练习与提升

1. 请简述运动视频智能慢放系统的工作原理和步骤，并说明每个步骤分别会对系统产生什么影响。
2. 请列举：智能视频处理技术可以应用在哪些场景下来为生活提供便利。

4.5 人工智能小故事

人工智能辅助诊断系统大显身手

2020 年人工智能被纳入国家战略和“新基建”体系，人工智能技术作为新一轮产业变革的驱动力，将不断催生新技术、新产品、新产业。在医疗领域，利用人工智能技术可以为医生提供智能辅助工具，提升医院诊疗效能，从辅助诊疗、精准手术到药物挖掘，AI＋医疗有着丰富的应用场景。

商汤科技利用人工智能视觉技术研发了 SenseCare 智慧诊疗平台，“省人、省时、省力、精准”是 AI 影像辅助诊断带给医院的四大价值。SenseCare 胸部 CT 智能临床解决方案在全国多个省市的医院广泛使用，高效、准确地为前线医务工作者提供决策依据。“通过 SenseCare 肺部人工智能分析产品，我们能够实现对 CT 影像的智能化诊断与定量评价，几秒内就能完成定量分析，自动筛查疑似病例。”青岛西海岸新区人民医院放射科主任王其军在介绍医院应用人工智能技术助力医疗诊断时说。通过技术的应用，王其军和团队能以最短的时间出具检查报告，避免人员长时间滞留，降低交叉感染风险，背后的秘密就是人工智能辅助诊断。

看病难、看病贵的问题在发展中国家十分突出，在应急状态下，依靠传统医疗模式更是无法应对“应急时期”医疗系统的峰值压力。面对以上状况，利用人工技术赋能，提高医疗资源的使用效率，是快速缓解当下医疗资源不足的有效途径之一。具体来说，人工智能可以在以下方面赋能医疗领域：

(1) 通过人工智能算法辅助医生诊疗，减轻医生负担，将医生释放的精力和时间用于处理更紧急的事件，诊治更多的病患，与病患做更专注的交流。

（2）通过人工智能算法实现专家经验和知识图谱的数字化、标准化，可将其复制并输出，增加医疗资源的总体供给，快速提升基层医院的医疗水平，使得患者无论是在发达地区或是偏远地区，均可就近就医，享受到基本同质的医疗服务，促进医疗卫生资源均衡化发展。

总结与评价

1. 下图展示了本章的核心概念与关键能力，请同学们对照图中的内容进行总结。

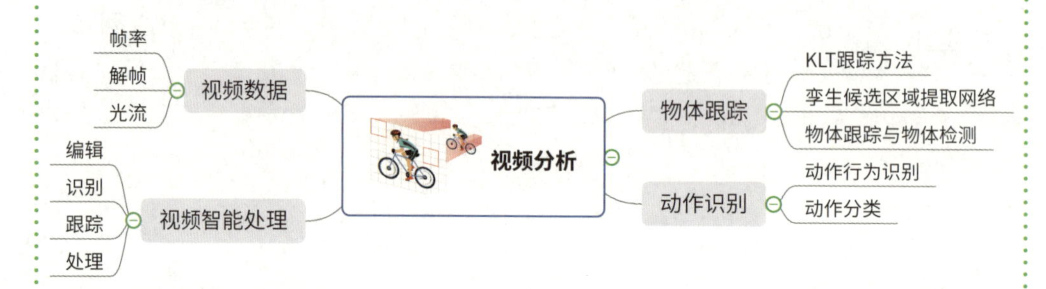

2. 根据自己的掌握情况填写下表。

学习内容	掌握程度
视频的数字化表达和运动描述	□不了解 □了解 □理解
视频的形成机制	□不了解 □了解 □理解
KLT 跟踪算法	□不了解 □了解 □理解
孪生候选区域提取网络	□不了解 □了解 □理解
动作识别的概念	□不了解 □了解 □理解
动作识别的方法	□不了解 □了解 □理解
视频处理的方法	□不了解 □了解 □理解
视频智能处理系统的设计原理	□不了解 □了解 □理解

后记

当前，人工智能浪潮正席卷全球。“十四五”期间，以人工智能为代表的新一代信息技术，是实现工业化、信息化、城镇化和农业现代化的重要技术保障，是推动经济高质量发展、建设创新型国家的核心驱动力之一。人工智能的建设和发展需要大批具有人工智能理念、国际视野和创新能力的人才。为了普及人工智能教育、培育人工智能人才，在汤晓鸥教授、潘云鹤院士、姚期智院士的指导下，上海人工智能实验室与华东师范大学出版社合作，组织一线教师共同编写《人工智能基础》系列丛书，共分四册。在编写过程中，我们致力于实现三个基本目标：

知识

传递人工智能的基础原理与知识，感受人工智能对社会生活的影响。

思维

培育人工智能时代所需的思维方式，包括编程、建模和系统思维。

能力

使用人工智能技术解决问题，提高开拓创新的能力。

为完成上述目标，各章节采用循序渐进的原则，逐步推进知识的传授和能力的培养。在具体设计上，采取以下思路：

1. 每册立足于一个应用领域，从核心模型、基本技术、实践应用、社会影响四个知识圈层逐层展开。学生在学习知识的过程中，能体会各层知识之间的相互联系。为满足不同层次的学习，本书将部分章节处理为选学内容，并在章节标题处加 * 标注。

2. 知识讲授和实践项目相互配合，平行推进。具体而言，每章的实践项目会基于本章知识的应用场景，各章实践项目之间在能力层面是逐步提升的关系。

3. 知识点在各章节中平衡配置，使得学习曲线尽可能均衡。

基于以上思路，编写团队针对篇章架构、概念组织、语言表述进行了充分推敲和讨论。完成初稿后，遴选部分试点学校进行使用，在大家的共同努力下，经历多次修改和打磨，书稿终于付梓。

在此感谢为编写团队审稿并提出宝贵意见、建议的专家：戴勃、吕建勤、乔宇、周博磊、谢作如、陈柯宇、成慧、段浩东、李怡康、吕照阳、邵睿、王广聪、王历伟、王泰、王钰、吴桐、相里元博、徐霖宁、赵扬波、周锴阳。特别感谢为本书编写承担管理工作的汤雨竹、王婉秋、许劭华、张崇珍，为本书设计插画的设计师何梦菲、文思颖、张明珠、赵贵铭。此外，也特别感谢华东师范大学出版社的编辑，他们为本套图书的出版付出了辛勤的劳动。

最后，我们感谢未来本套图书的读者，希望大家通过阅读本套图书能够对人工智能有一个初步的了解，进而不断在人工智能领域探索，为未来建设智能社会贡献自己的力量。